U0015989

一人公司的
致富思維

從零到百萬訂閱，
靠知識變現的成功法則

好葉 著

contents

【目錄】

1 · 如何達到所謂的「成功」？

2 · 網路創業，人人有機會

3 · YouTube 新手上路指南

4 · YouTube 頻道加速成長攻略

5 · 如何擴大品牌影響力？

6 · 如何不輕易放棄創業？

7・從零邁向財富自主的關鍵

| 推薦序 |

讓好葉做你的開路先鋒

Jamie 老師

一開始認識好葉是因為他的聲音，但見到本人後卻被他開朗的笑容所吸引，而且還很謙虛有禮。

過去不曾在頻道裡露臉的他，卻能締造超過 71 萬的 YouTube 追蹤訂閱量，這在自媒體界是一個非常具有指標性的紀錄。

好葉的頻道以心理成長為主軸作為該領域先鋒，運用他擅長的深入淺出說故事技巧，從他分享的故事中，觀眾不僅得到心靈上的慰藉，同時也獲得快速的成長！

對我來說，好葉的角色就像是一杯你手裡的黑咖啡，傳遞到你手心的溫暖，真摯而舒適！

好葉是一個樂於分享的大男孩，這本書就呈現很真實的他。

他無私的公開經營頻道的理念與 know-how，以更系統化的方式給予對經營自品牌有興趣的朋友一個方向。

從初經營會遇到的痛點、需要找到自我定位及如何增

加自我價值，並把自己當成一間公司經營，讓新手可以重新設定思維模式，讓你可以十倍速優化，擦亮自己的品牌。

現在的孩子都很幸運，擁有快速學習的通路及管道，只要敲敲鍵盤，在頻道中打個關鍵字，不論你今天想要做一道佛跳牆還是要自己更換摩托車機油，都可以在網上獲得資訊。

想要 get 技能，不再是件難事，但在資訊量爆炸的平台上，如何脫穎而出獲得觀眾認可，內容是否獲得受眾喜愛，任一環節都會影響觀看數及觸及率。

頻道就像是一個店面，你需要不斷提供特殊料理讓受眾感到新鮮，甚至是期待你的影片！因此作為 YouTuber，自我修煉非常重要！在經營自媒體時的同時也不忘時時保持學習模式，隨時將自己微調到最佳狀態。

好葉把他的 5 年功力精華濃縮在這本書中，作為自媒體人，值得一再拜讀，讓自己保持創建頻道的初心！

準備好闖進 YouTube 這片紅海嗎？讓好葉當摩西為你開路，讓你走的路更加寬廣及順暢。

| 本文作者為輕易豐盛創辦人 |

| 推薦序 |

長大以後才明白的事

Yale Chen.

「沒有經歷過不幸，才是最大的不幸。」好葉書裡的這句話，我小時候無法體會。但現在，我卻想到所有人生中的刻骨銘心，都是從人生中的不幸而來。

好葉從 5000 馬幣（約 3 萬台幣）開始建立起自己的財富，這一本書是他的創業歷程。

創業上有非常多的坎坷，當我們在閱讀別人經歷過的事實，身為過來人的你，可能就會減少一些孤單；而身為剛踏入此領域的人，你可以預知自己將來有可能會遇到哪些挑戰。

我還記得，有一次我邀請好葉來到我舉辦的線上活動演講，本來我只是想說，他可能只是會分享自己的故事，結果到了當天，我真的對他刮目相看，他除了有準備的出現外，還為我的現場聽眾帶來超高的價值。

這一本書，推薦一讀。

| 本文作者為 KOL / Freedum 自由學院創辦人 |

最糟的時代？最適合白手起家的時代？

雷司紀

在 Dcard 上曾有一篇熱門文章：〈我們這個世代就是爛草莓，白手起家是不是真的不可能了？〉裡面提到作者在觀察周遭的人後，將其分為四種：「家境好的、普通工作的、從事直銷詐騙的、早早有孩子生活辛苦的。」

在文末，作者提出疑問：「是不是白手起家、創業賺大錢的生活，在這個年代已經不可追求了？」這篇文章引起許多大學生的共鳴，在留言處紛紛感嘆這個世界多不如人意。這是網路世界的常態——隨處可見怨天尤人的情緒，傾訴這個世界的糟糕之處。但仔細思考，現實真是如此嗎？

事實上，人類文明的發展一直在進步，各國經濟不斷攀升成長，日常生活能享受到的物質越來越好，獲得資訊的管道也越來越方便……我們可以說，在大方向上時代是一直越變越好，社會是一直越來越進步，但在現實中，還是有人感到不適應，每天以抱怨度日，而且數量

還不少。

這本書，將可以為你帶來不一樣的啟發和思維。

沒有談虛無飄渺的空泛理論、沒有用高高在上的態度來說教、沒有安慰無用的心靈雞湯，好葉透過闡述自己的人生故事、閱讀過影響自己觀念的書籍、面對人生未來方向的思維、每段時期遇到困難時的態度、決策分析後的結論……講的都是切切實實的人生經驗，以及一路懵懂摸索至今的心路歷程。

71 萬粉絲，超過 200 部的影片，在馬來西亞和台灣兩地具有廣大影響力的 YouTuber——這就是好葉，一個擁有住家被焚盡的童年，在這個大多數人認為「最糟的時代」中成功白手起家的案例。

在這本書中，你會吸收大量對人生有益的觀念與資訊——用「視覺化實際作為」來取代「幻想目標」，才能創造吸引力法則；比起文憑，擁有扎實能力和作品集才是真正展現自己價值的地方；想要真正學會一個東西，去「教導」別人是最有用的方式；在資訊量爆炸的這個時代，「注意力」已成為新的資產，獲得別人的「碎片時間」成為有意義的事情；當人人都想當 YouTuber、都想去做 Podcast 時，如何從中挖掘屬於自己的「藍海市場」

就變得非常重要（想想當年美國淘金熱，最賺錢的是在河邊賣水及食物的小販）。

同樣身為白手起家的創業家，我與好葉所見到的世界、看待事物的角度、思考的本質，有著近乎不可思議的相似之處，處處都能找到共鳴。

在很多人的觀念中，覺得這個時代已經不適合開創，但其實世界的運作方式正好相反——時代往往是被開創出來的！

倘若這是一個最糟的時代，又怎麼會冒出 iKala、Appier、Pinkoi 這些新創？誕生出九妹 Joeman、 股癌 Gooaye 這些人才？

抱怨，是無法改變現狀的。靜下心來一讀這本書——沒有過多修飾，一字一句是如此真切樸實，講述自己人生一路走來的心路歷程，闡述每一個階段所下的決策背後的思維、心態以及環境。

你不會走過和好葉一模一樣的人生，但他的故事想必會給你帶來不一樣啟發及共鳴。

甚至，若能改變你人生的一小部分，那就值得了。

| 本文作者為「雷司紀的小道投資」品牌創辦人 |

|前言|

不幸就是最大的幸運

叩叩叩叩……叩叩叩叩……叩叩叩叩叩叩叩叩……

「什麼事啊，媽～」在大半夜被敲門聲驚醒的我問道。

「趕快出來，趕快出來！」

「哦，好……」

雖然不知道發生了什麼事，但我還是聽媽媽的話，從臥房裡跑了出來，到屋外街道上。心想，媽媽大半夜的把我們叫醒，讓全家人跑到屋外，是不是有煙火看呢？

誒，沒有啊？漸漸地我就感受到一股熱氣，接著往屋裡一看，一絲絲的閃光露出來，爸媽把我們5兄弟帶出來後，就慌忙地跑去敲打我們家左右和對面鄰居的門，並把他們叫出來。

不到3分鐘，我感受到那股從家裡傳出來的熱氣越來越烈，街道上也聚滿了人群。

我才突然意識到原來我家發生了大火，原本在廚房的

閃光火苗快速串起，只看到爸爸和幾個男生在大門口跑來跑去，試圖衝進去搶救物資，但猛烈的火勢還是把他們節節逼退。

　　鄰居拿起手機狂打著消防局電話號碼，但直至 20 多分鐘後，我們依舊沒見到消防車，火勢也越來越大，燒掉了大半間屋子。

　　我和哥哥們赤著腳、蹲在街道旁，眼睜睜看著自己的家慢慢被大火吞噬。

　　我們什麼都沒帶，兩個哥哥連衣服都沒穿上，光著上半身就跑了出來，還是好心的鄰居們給我們送上了鞋子。

　　我看著紅紅烈火，著急的一直在心裡祈禱：「消防車

趕快來，消防車趕快來，趕快把大火撲滅，不然我們就無家可歸了，到時該怎麼辦啊？」但火勢越來越猛，我不斷的聽到木枝被燒斷，發出劈劈啪啪的聲音，耳邊也時不時也會發出尖銳的**轟轟聲**。

30 分鐘後，消防車終於趕到，裝上水管、開始滅火。這一滅就滅了 5 個小時，待大火完全撲滅後，只剩下了一堆黑漆漆的焦木。

我家是全木打造的，所以火勢一發不可收拾；加上位於偏僻的鄉間地帶，所以消防車趕來時已經有點晚了。

就這樣，我們一夜間失去了自己的家園。

當時 10 歲的我感到無助又無奈。到了早上，爸爸把我安頓在朋友家。梳洗過後，我吃了早餐，叔叔給我遞上他孩子的衣服。

在別人的房間裡換衣服時，我感到不知所措，難以相信自己現在真的是一無所有了，連一件衣服都沒有。

家沒了，衣服、書籍、書包、鞋子、床⋯⋯什麼都沒了。這是真的嗎？還是我只是在做夢而已？全村幾十年來都沒有發生過火災，沒想到就發生在我身上，未免也太倒霉了吧！我大力地捏了一下自己的臉蛋，果然，這不是夢。

就在我感到孤獨和無助的時候，叔叔家隔壁的鄰居阿姨透過窗口看到了我。阿姨認出了我，就問道：「小弟，你是那個〇〇的孩子嗎？」

「是啊。」我低著頭回答道。

「你的家被燒掉了，好可憐啊……以後該怎麼辦啊？好可憐啊……你不是沒有書包，沒有書，不能去上學了？實在太可憐了……」

這位阿姨接二連三地說我可憐，讓我當時忍不住眼眶就濕了。隨後，她馬上就遞過來一捲厚厚的 50 馬幣，應該總共有 3、500 元，讓我拿去買書、書包、校服，才能去上學。

臨走之前，她又對我說了一次「你好可憐啊。」

那時的我，終於忍不住大哭了起來，覺得自己為什麼如此不幸？明明就那麼窮了，為什麼這些不幸的事情就是喜歡發生在我的身上？

我 5 歲那年就被重型機車撞過，在病床上躺了 3 個月，不能行走；10 歲時家園又被大火無情奪走。

13 歲，我開始兼職打工，當裝修學徒，但性格孤僻的我總是會被老闆或前輩斥罵。

那時，我從早上 9 點做到晚上 7 點，一直需要搬運四、五十公斤重的洋灰，因為肌肉負荷不了，經常會做到手腳抽筋、手指破皮。但我還是要繼續下去，不然就會挨罵，有時候老闆的粗話中，還會經常問候我的父母。

在學校，同學也常常集聚起來戲弄我，在中學時，我更有一次是和同學群體對毆，結果那麼多人的毆鬥中，就只有我被打得頭破血流，縫了十多針。

我又成為了大家的焦點，但總是「壞的焦點」。

沒有經歷過不幸，才是最大的不幸

小時候的我總是會把焦點放在不幸的事情上，覺得為

什麼老天對我那麼不公平。但也就是這種受害者心態，讓我總是把發生過的糟糕事無限放大，覺得自己就是那麼不幸。

其實，我就是一直活在自己看到的世界。你覺得自己很不幸，那你自然的就會變成自己信念的一個副產品，不幸自然而然的就會發生在自己身上。

我們的信念就像是濾鏡，當你戴上了「不幸」的濾鏡，就很容易看到不幸的世界，每一件看到的事情都會讓你貼上不幸的標籤，但這些事情本身沒有意義，是我們賦予了它意義的。

直到有一次，我無意間在一個廣告電視中聽到一則激勵語錄，逐漸的改變了我對世界的看法。

那影響我最深的一段話，是前世界首富洛克·菲勒所說：**「如果你沒有經歷過不幸，那就是最大的不幸。」**

聽到這句話的時候，我突然得到了很大的啟發，發現原來自己遭遇過的種種不幸，都是老天送給我的一份禮物，要讓我變得更加強大。

不要把我們所經歷過的不幸當作絆腳石，而是要感謝它讓你知道不幸是什麼模樣，當困境再次出現時，你就會知道怎麼樣去面對。

　　坦然接受生活的挑戰，取得更高的成就，就是像長輩常說的「吃苦當吃補」，把每一次的苦難當成一種修煉，生活不就更積極了一些嗎？

　　就是這一句熱騰騰的雞湯語錄，讓我熱血沸騰，對自己的世界改觀。所以我就開始接觸心靈成長書籍，第一本接觸到的書就是卡內基《人性的弱點》，這給我的人生帶來了轉折。

　　它讓我建立起了新思維，讓過去沒自信、不敢與人接觸的我找回了自信，也學會了利用人際心理贏得了許多的友誼。書裡的一句「自憐之人，自有可悲之處」，讓我真正意識到自己的問題所在。

　　喜歡自己可憐自己，把自己變成一個受害者，把責任推卸給環境就好，這就是最可憐的人了。

　　這本書讓我見人會微笑，總是對他人感興趣，讓我在人際關係和心態上變得越來越好。

　　它實際的改善了我的生活，我才意識到「書中自有黃金屋」這句話一點都沒有錯。原來在書海裡，我可以學習到許多實用的技巧，更可以改變一個人的思維。

　　也因為這本書，讓我在後來會想要在自己的 YouTube 頻道上製作有關改變思維的影片，更是奠定自己頻道的

初衷和定位。

　　從卡內基《人性的弱點》我學會了人性，改善了自己與別人相處的關係；而在史蒂芬‧柯維《與成功有約：高效能人士的七個習慣》我學會要做一個積極主動掌控人生的主動者，而不是總是抱怨環境的被動者；再到羅伯特‧清崎《窮爸爸，富爸爸》，我學到了金錢的運作和財富積累的關鍵。

　　這些早期接觸過的好書給我的思維、行為帶來了關鍵性的改變，讓我的生活轉向了積極的一面。

　　我想要把我學到的知識、改變過自己的書本記錄下來，在啟發更多的人同時，也提醒自己。

　　我在最初經營 YouTube 頻道時，根本就沒有想過要靠它來賺錢，或是成為全職 YouTuber，我只是想進入自己充滿熱情的網路行銷行業，同時也為多學習、多積累經驗，好讓自己變得更有競爭力。

　　在此我就不說太多，我踏上 YouTuber 之路的契機，就留到後面再一一跟大家分享吧！

一場大火燒掉了我的自尊心，
這個想法改變了我的一生

重點回顧

觀點 1

沒有經歷過不幸，才是最大的不幸。
把自己當成受害者，並不會給你帶來任何好處。

觀點 2

與其抱怨生活的不是，不如感謝生活中帶來的
意外、困難或是逆境。
因為它讓我們成長得更加茁壯、更加強大。

1．如何達到所謂的「成功」？

每個人的旅程都不一樣

也許是因為在心靈成長的讀物裡嘗到了甜頭，所以從那時開始，我就特別喜歡閱讀類似的文章、書籍、音頻或影片等。

我渴望成功，也渴望讓自己的人生可以變得更好，逃脫原本負面、貧窮的惡性循環。

有些觀眾喜歡留言給我說：「好葉，你每天都在說一些教人家賺錢，教人家成功的知識，你成功了嗎？」

我會說：「就看你怎麼定義成功囉，我製作的影片可以啟發到我的觀眾，為他們的生活帶來積極的影響，我就覺得我已經成功了。」

多數人會把賺大錢、出名這樣的名利雙收視為所謂的

「成功」，所以我會反問他們：「那你覺得要賺多少錢才算是成功呢？」

通常得到的回答就是：「誒……100 萬，或是 1000 萬吧？」

「那如果和賺超過 1 億的人比呢？他們算成功嗎？」我再問。

他們可能就會說：「不算。」

「那怎樣才算啊？你不是說 1000 萬就成功了嗎？」

「……」這時候他就答不出來了。

所以說，很多人對成功都沒有一個很明確的定義。而對於我來說，**成功的定義就是「成長，讓自己成為想要的樣子」**。

每一個人要去的地方都不同，要追求的東西也不同。對於你來說的成功，可能對於他來說卻無動於衷。

你追的是「錢」，可能他追的卻是「自由」；你追的是「名利」，可能他追的是「安穩」。而對我來說，「成功」就是努力的成長，讓自己成為想要的樣子。

你要比較的對象是「自己」，而不是你所謂的「成功人士」。

只要每天都讓自己比昨天變得更好，可以感受到持續

的進步，你就已經成功了。只要不偷不搶不騙不讓自己後悔，你的人生就成功了。

起跑點不同，成就也不一樣

　　以前的我會羨慕那些出身於好環境、有個富爸爸的孩子，認為他們先天條件好，無論是教育資源還是接觸環境，都能夠讓他們比普通人更容易成為「人生勝利組」。

　　但更深層地回想一下，如果以他們的角度來思考，輕易得來的成就，對他們來說會覺得自己成功嗎？其實並不會，因為他們可能會少了一份努力奮鬥、持續感受到自己成長的成就感。

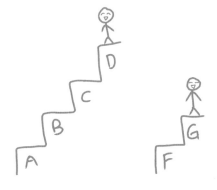

　　就拿英文字母的排列來做比喻好了，A 到 Z 有二十六個字母，你的起點是 A，他的起點是 F，你從 A 到 D，他從 F 到 G，你覺得誰會比較有成就感，誰會感覺自己更加的快樂和成功呢？

　　曾經有一個身障人士私信給我，說他患有漸凍症，隨著年齡的增長，肌肉萎縮的症狀會越來越嚴重，目前吃喝拉撒還可以半自理，行動需要靠輪椅，因此他覺得自己一直連累家人，認為自己的存在是多餘的。

　　他問我，他這樣的人，要怎樣才能成功啊？

　　當時的我雖然可以從文字中感受到他的無助，卻也不曉得要怎樣幫助他。

　　於是我便告訴他，每個人的旅程都不一樣，和起跑點不同、成就感不同的道理，又送了他一套有關積極人生的線上課程，希望可以讓他更多的和自己比較，積極地面對自己的人生，更多的關注自己的進步，達到自己定義中的「成功」。

　　聽了我的一些分享後，他變得樂觀許多了，更懂得善用自己的優勢，開始有了寫部落格和要做電商的計畫。

　　每個人的旅程都不一樣，每個人的成功定義也不一樣。就算是一樣，起點不同也會造就不同的成就感。

要比就和自己比，只要你每天都讓自己變得比昨天更好，可以感受到持續的進步，你就已經成功了。

迷茫的時候，就努力讓自己變得更優秀

在幫助他人的同時，其實我自己也在成長。

在讀大學時的我，根本就不知道夢想是什麼，也不曉得自己未來會成為一個怎樣的人。但有了這個「成功，就是讓自己持續進步」的觀念後，我就下定決心要努力讓自己變得更加優秀。

當時，我學到兩個讓我改變很大的心理工具：**視覺化和自我肯定**，幾年過去了，到現在我還是在應用這兩個工具，幫助自己持續成長。

在大學時，我利用視覺化和自我肯定的練習，讓自己考取了好成績，從原本成績普通的學生，達到了 CGPA 3.9 的高分，並且成為科系的模範生；後來創建 YouTube 頻道的時候，也是這兩個習慣幫助了我持續推出高質量的影片，把頻道經營成功的。

這兩個工具不一定會讓你夢想成真，但它會讓你變得更加積極，更勇敢去追求你想要做的事。我也因為視覺化

和自我肯定所養成的積極性，最後才有了好葉這個頻道。

　　現在，我就來為大家揭密，說明視覺化和自我肯定是如何幫助我成長的。

吸引力法則的迷思

　　相信很多追求成功之道、接觸過成功學的朋友，多少都會有聽過吸引力法則吧？但很多人都對吸引力法則產生了誤解。

　　心理學家艾倫·理查森（Alan Richardson, 2008[❶]），對吸引力法則造成的影響做了以下實驗：

　　　　把受試者分為三組，A 組受試人員，連續二十天每天練習投籃；B 組受試人員只在第一天與最後一天進行投籃；C 組受試人員和 B 組一樣，只在第一天與最後一天進行投籃，但每一天都要花二十分鐘在想像中練習投籃。

　　結果顯示 A 組命中率上升了 25%，B 組則沒有任何進步，但神奇的是 C 組的命中率竟然和 A 組差不多，上

升了 24%。

　　理查森總結認為，正向視覺化的確是助人通往成功的有力工具，C 組受試者的確透過了視覺化，就有效地增強了自己的能力。

　　那是不是說只要心想，就真的會事成呢？吸引力法則真的那麼厲害嗎？《祕密》這本書提到，我們的想法就好像一塊磁鐵，能夠把能量頻率相同的事物，吸引到我們的生活裡。無論我們想要什麼，只要我們每天想像擁有它，萬能的宇宙就會把我們想要的東西送上門來。

　　你想要一輛寶馬？想要美女或帥哥做你的另一半？想要升職加薪？

　　只要照著《祕密》所教你的吸引力法則，每天早上一起床就默唸：「我很有錢，我每天都有很多花不完的錢。」每晚睡前想像你在開著保時捷、住著豪宅、環遊世界，並且只要你相信自己會得到，總有一天你就會得到它！

　　這聽起來很神奇，難道只要我每天只靠著想像，什麼都不用做，錢就會從天上掉下來嗎？

　　讓我馬上來跟大家揭密，吸引力法則到底是如何產生功效的。

視覺化的神奇力量

在一九九九年，加州大學進行了一項研究 ❷，測試吸引力法則所宣稱的功效：

將受試者分為三組：第一組的學生每天花幾分鐘的時間，想像在數天後的重要期中考拿到高分的感覺；第二組的學生則每天想像自己打算在何時、何地、用什麼方法準備考試；第三組的學生不用想像任何與考試相關的畫面。

結果顯示，第一組的學生在考試中拿到了最低分，第三組比第一組稍微高了一些，第二組則拿到了最高分。

第一組的學生因為想像了達到目標後的成功而自我感覺良好，卻減少了閱讀的時間，因此出現了和想像中完全相反的結果。

每天想像讀書情境的第二組學生在考前花了比較多時間做較充分的準備，自然而然的成績也比其他組別的學生來得更高。

這項研究證明了視覺化能帶來好處，但同時也駁斥了

吸引力法則一定能帶來益處的說法。

　　在沒有實際行動的狀況下，幻想著達成目標、得到渴望的事物，似乎只會對我們造成傷害，但**「視覺化」自己正為了達到目標而採取行動，卻能讓我們變得更積極。**

　　人們之所以一直大力推薦吸引力法則，是因為想要相信自己可以不花時間精力，就得到所有渴望的事物，但不幸的是，這只是不切實際的想法，甚至可以說是不可能的妄想。

自我肯定的影響

　　卡內基美隆大學（Carnegie Mellon University）在2013 年做了一項有關自我肯定的研究 ❸：

　　　他們找來了七十三名大學生，請他們依重視程度排列出十一項成功人士的特質。

　　　其中一半的受試者寫下他們為何重視名列前茅的幾項特質，讓他們進行自我肯定，另一半的受試者則不需要。

　　　接著研究人員請全部受試者在限時內解答幾道

習題，並刻意在旁邊給予他們壓力。

結果顯示，自我肯定組的表現會比較好，控制組則會比較差。

我們可以透過這項實驗得知，自我肯定是對人有益處的工具，能使人在壓力之下保持冷靜，靈活思考。

善用正向自我肯定，就能對我們所經歷的巨大壓力有所幫助。雖然自我肯定可能無法使你有較好的表現，但自我肯定卻能幫助你不要表現得太差。

正確使用視覺化和自我肯定的方法如下：

1. 要視覺化過程，而不是結果

假設你想要鍛鍊出好身材，好讓自己在下一次去海灘度假時展現優美體態，幻想已經擁有好身材是沒有幫助的，但視覺化自己正在健身房運動或者在附近的山上健行，則有可能增加你去運動與健行的機率。

假設你的目標是要做一次公眾演說，就應該視覺化自己不斷在練習演講稿的過程，而不是想像完成演講會大家給你喝采的畫面。

假設你是做銷售的，就應該視覺化和顧客的洽談過程，而不是成交後的畫面。

在腦中不斷演練可以讓你準備充分，變得更開明、更敏銳、更願意面對你原本不想去面對的挑戰。

2. 練習自我肯定

就以剛才的例子來說，若要鍛鍊出好身材，每天複述自我肯定，告訴自己你是守紀律、認真運動的人，而且會準確執行健身計畫，這能讓你對於完成目標更有自信。

寫下 10 個你想要擁有的特質，並用「我很」或「我是」聲明說出來，比如我很開心、我很自信、我是專注的人、我很有說服力、我是開朗的人、我是幽默的人、我是有創意的人、我很有效率等。

寫下來後不要只在心裡想，練習用嘴巴說出來。每天一個人的時候對自己說，在洗澡的時候對自己說，在上班的路上對自己說：我很有自信、我是自律的人、我很有創意……上述詞彙可以代入任何你想要得到的特點。

這樣會讓你的潛意識去相信它，並潛移默化這些特質到你的身上，讓你變得更積極，在生活的各方面表現得更好。

我從大學就開始了視覺化和自我肯定的練習，到現在依然都保持著這個習慣。

每當我想要做一件有挑戰性的事情時，比如說考

試，我都會在考試前一個小時視覺化自己在考場拿到了考卷，開始認真有把握作答的樣子：我快速地思考，快速地提取腦中的知識，再快速地下筆輸出答案，所以每次考試都能穩定的發揮。

我曾經有兼職上門銷售的經驗，每次拜訪之前，我都會在腦中預演整個銷售過程，在腦中預演自己鼓起勇氣，按下訪客的門鈴，然後和訪客的談話內容。

當我開啟 YouTube 頻道，製作動畫影片的時候也是一樣。由於我修讀的專業是運用管理，完全沒有剪輯、設計、媒體傳播的背景，做影片難免會有自我懷疑的時候，我也運用了這個方法來擺脫自己的心魔。

我會經常預想自己在努力學習內容創造、影片製作以及經營社群的畫面，這讓我變得更有動力去做這一件感覺非常有挑戰性的事。

我偶爾也會預想自己坐在辦公桌前，開始寫作、製作動畫的樣子，這樣的視覺化讓我在面對挑戰的時候，都會更加積極的去面對，而不是逃避或是放棄不去做。而且它還讓我更快的掌握某一項技能，因為我準備得更充分，更有自信的去做每一件事情。

再來就是自我肯定了，我非常喜歡這個練習，它給我

帶來了非常大的影響。從大學時期開始，我每天早上起床就會開始做這個練習，一邊沖澡一邊對自己說：

　　我很有自信！

　　我是個有吸引力的人！

　　我很有說服力！

　　我很有影響力！

　　我很有啟發性！

　　我很優秀！

　　我很有專注力！

　　我是一個記憶力好的人！

　　我很健談！

　　我很感恩！

　　我很強壯！

　　我是個樂觀開朗的人！

　　我是個樂於助人的人！

　　我很幸運！

　　我很健康！

每次我都會重複的說上 3 ～ 5 遍,然後在跑步、開車的時候也會進行這個練習。一直到現在,隨著時間的過去,我的確看到非常明顯的效果,慢慢就擁有了原本沒有但又很想要的特質!

成長思維行動營

重點回顧

觀點 1

成功就是你說的算。每個人的旅程都不一樣,只要你讓自己變得比昨天更好,就已經成功了。

觀點 2

在迷茫的時候,就努力讓自己變得更優秀。足夠優秀,就會有更多對未來人生的選擇權。

觀點 3

人因看見而改變,視覺化過程,讓你隨時都準備充分。練習自我肯定,讓自己更有自信的去應對生活挑戰。

❶ Richardson, A. (1967). Mental practice: A review and discussion (Part II). Research Quarterly, 38, 263 ～ 273.

❷ Pham, Lien & Taylor, Shelley. (1999). From Thought to Action: Effects of Process ～ Versus Outcome ～ Based Mental Simulations on Performance. Personality and Social Psychology Bulletin. 25. 250 ～ 260. 10.1177/0146167299025002010.

❸ Creswell JD, Dutcher JM, Klein WMP, Harris PR, Levine JM (2013) Self ～ Affirmation Improves Problem ～ Solving under Stress. PLoS ONE 8(5): e62593.

2‧網路創業，人人有機會

踏上網路事業的契機

大學時期，我在每天吸收個人成長相關知識的過程中突然發現，原來自己非常喜歡網路營銷事業。

在這裡用最淺白的定義和大家科普一下什麼是網路行銷（Digital Marketing）。對我來說，任何可以透過網路賺取收入的方式，都叫作網路行銷。例如直播帶貨、電商網站賣產品、YouTuber、寫部落格、聯盟行銷推廣別人的產品賺取佣金，都可算是網路行銷的一環。

上了 3 年大學，我才發現原來自己一直很感興趣的行業，竟然和修讀的專業一點關係都沒有。

當時我讀的是運營管理系（Operation Management），主要是和工廠流水線、廠庫管理、物流相關的領域，和

網路行銷、媒體傳播、數字廣告等一點邊都沾不上。

那時我就心想，如果畢業後，拿著營運管理的文憑去應徵網路行銷的職位，業界公司會不會想要雇用我呢？

當然不會囉！除非這家公司的老闆是你爸爸開的，不然誰會那麼閒去應徵一個既沒有媒體傳播經驗，又沒有行銷背景的大學畢業生來做網路行銷啊？

在這種沒有背景、沒有知識，又沒有相關經驗的情況下，我應該如何追求自己當下熱愛的事情呢？當時我想了想，如果再重讀、重修多媒體課程，那我還得再花 3 年的時間才能畢業。

但我可不想就這樣讓自己的青春流逝掉，一心想著要趕快到社會打拚，闖一闖天下、賺錢養家、孝敬父母。

就當我心情非常低落，想要認命、好好的在自己的學科專業領域發展，而把網路行銷這個突然發現的熱情澆滅掉的時候，我看到了我的偶像蓋瑞‧范納洽（Gary Vaynerchuk）在臉書上一段影片的內容，他的一句話深深的啟發了我，那就是：**「任何知識，任何技能都可以在網路上學到。」**

在這個人手一機的時代，每個人都有機會去做任何自己想要做的事，你的背景、你的家庭、你的環境，都不

是你不想要前進，害怕追尋自己夢想後失敗的藉口。

那時候我突發奇想，不斷上網搜索各種網路行銷的知識和教學，怎樣利用網路來賺錢、怎樣寫部落格、怎樣在網路上賣產品、怎樣經營社交媒體等。

在學習的過程中，我對網路創業，網路行銷的熱情越來愈大，什麼文案（Copywriting）、內容行銷（Content Marketing）、聯盟行銷（Affiliate Marketing）、電郵行銷（Email Marketing），或是社群行銷（Social Media Marketing）我都懂了，但就是沒有實戰經驗。

當時我的目標就只有一個，那就是畢業後進入和網路行銷相關工作，不管是網站設計、文案還是數位廣告投放專員都好。

那時候的我是這樣想的，要成為一個領域裡的佼佼者，成為一個專業人士，首先就必須進入相關的行業待個兩、三年，有了足夠的經驗後，才來創業開公司，打造屬於自己的事業。

理想雖然美好，但現實總是殘酷的。投了幾份實習履歷後，沒有一家媒體公司想要雇用我。

文憑只是一張入場券，能力證明才是一張悠遊卡

　　先不說我這個沒有相關學歷的新鮮人沒有公司要，就算是有學歷、沒有經驗的畢業生也很少人要，很容易就會掉入落選的名單。

　　我有一個很要好的學長就是這樣，剛好一次在吃飯時就有聊到他的求職經驗，他擁有行銷學士學位（Degree in Marketing），當時有一家大公司想要應徵一名行銷專員，被篩選中前去面試的求職者有 10 位，他就是其中之一。

　　在面試當天，剛好他就遇到了一位同屆畢業生，那時學長就感到非常好奇，為什麼他也會被篩選到面試的名單中？他修讀的可是化學專業啊！這和行銷一點關係都沒有啊！更令學長吃驚的是，最後成功入選的，竟然就是那位化學專業同屆畢業生。

　　當時我開玩笑問他：「他是不是有背景、有後台呢？還是那家公司是賣化學物品的？不然你們這些修讀行銷專業也未免太丟臉了吧，竟然輸給一個門外漢？」

　　結果他認真的告訴我說：「沒有，我都調查過了，他和公司內部人員一點關係都沒有，主要就是因為在大學期間，他主導了一個咖啡品牌的營銷活動，並且那個活

動辦得非常成功，為那個咖啡品牌在校園打響了名號。」

關鍵在你有沒有符合市場需求的能力

當他告訴我這件事時，我才知道原來公司在招聘一個人的時候，關鍵的決定因素並不是學術文憑，而是可以證明能力的作品或經驗。

這個成功個案讓我又燃起了熊熊鬥志，決定先創造作品的經驗，以證明自己的能力。

在商業世界裡，你有沒有文憑一點都不重要，重要的是你的能力能不能給公司帶來收益。

很多公司不想要聘請非相關專業畢業的新鮮人，主要的原因就是他不確定你能不能給公司帶來收益。因為你的能力是還沒有被驗證過的，老闆不想要冒這個險。

在有選擇條件的情況下，有經驗、有作品的求職者會更受青睞。就算是我現在創業了，在招聘員工時也是一樣。

我第一個會看的，是應徵者的價值觀是否和我的企業文化相符。接著看的就是應徵者的作品或經驗，也就是能力，最後才會大概看一下學業文憑。

但你一定也聽過很多人說，如果你沒有文憑，出社會就很難找到工作，這點也確實對某些職業上來說是成立的。

比如你想要成為一名醫生，你的確需要考取專科文憑來證明你知道怎樣給病人診斷疾病、對症下藥；如果你想要成為律師，你也必須擁有法律文憑和相關的執照來證明你懂得當地的法律……但這些需要專業文憑承認的行業，其實只占了市場上的 10%。

而剩下的 90% 是什麼呢？那就是管理、商業諮詢、平面設計、大眾傳媒、營運、市場行銷、網路行銷這些和商業活動有關的領域。

如果你上大學是就讀這些行業的相關科系，就不難發現所學到的都是一些基本的商業知識，而這些知識都是可以在網路上學得到的！

取得這些相關文憑並無法證明你的能力，頂多是你獲得面試機會的入場券，但還不算是入職就業。

假設現在有 A 跟 B 兩個人一起應聘一間公司的行銷主任（見下頁圖示），在這樣的情況下，你認為誰會被錄取呢？

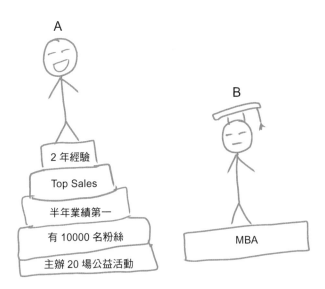

　　我可以向你保證，公司一定會選擇 A。因為在市場上、商業上，大家看的是你有什麼能力，而這些經驗成就是你能力最好的證明。它們的說服力，遠遠大於那張那張薄薄的文憑。

如何打磨技能，積累可以證明實力的經驗？

　　當我明確了自己想進入網路行銷時的方向和決心時，我知道自己接下來要做的，就是累積經驗來證明自己的實力了。

　　一開始我並沒有直接從經營 YouTube 頻道開始，也不會製作影片，而是從 Instagram（IG）這個以圖片分享為主的社交媒體開始。

　　那時我找到了一個可以快速增粉又非常簡單的方法：那就是**每天發語錄貼圖和不斷地追蹤和取消追蹤他人**。

　　語錄圖只要在網路上找生成器或是用手機的 APP 就能做到（這也是我從網路上學到的），而我的 5 個 IG 帳戶也在短短幾個月內，每個帳戶都累積超過了 5000 個粉絲。

　　做了一段時間後，一點點小成績是有的，但我感覺沒有什麼意義，很像缺了一點什麼似的。我又繼續上 YouTube 學習，吸收各種有關個人成長的知識和技巧，想要不斷的精進自己，成為一個更優秀的人。

　　我在 YouTube 發現一個叫做 Practical Psychology 的個人成長頻道，主要會以動畫的方式來解說各種有關心理學、說書以及個人成長方面的知識。

　　發現了嗎？好葉的頻道也是如此，也就是因為他，才有了好葉頻道。

　　我非常喜歡他的頻道，他發布的每一集影片我都會觀看，因為生動的動畫視覺學習體驗實在太棒了，解說簡

單易懂，不會讓觀眾感到累；生動的動畫也讓人更容易
吸收內容，並且促進大腦的聯想和思考，是一種非常高
效的學習方式。

　　我看到了他影片裡的一句話，突然爆發了我的腦神經
元，打開了我的小小智慧宇宙。這句話是這樣說的：

Produce Rather than Consume.（消費不如生產）

生產能比消費帶給你更大的快樂

　　你很喜歡某個東西，每天使用、消費它。如果你自己
還能生產、創造它，你能得到的滿足感、幸福感將會比
你單純地消費要更高上好幾倍。

　　當時我就想，既然我那麼喜歡利用觀看動畫來學習提
升，不然我自己來做個動畫吧？

　　憑著「任何技能、任何知識都可以在網路上學得
到」的信念，我很快就找到了一個叫 Videoscribe 的繪畫
軟體，只要把圖像素材放進軟體，然後調整時間和鏡頭
即可，好葉影片的繪畫效果就是這樣製作而成的。

　　很多朋友一直以為我影片裡的圖像是我自己畫的，但
其實我只是用了這個軟體就達到了這個效果，我本身根

本就不會畫畫，也不會設計。

在這個時代，從來都不缺少資源。關鍵就在於你願不願意去尋找，願不願意去嘗試，找到後再去善用它來幫助實現自己想要做的事。

就這樣，在大學的最後一年，我善用科技和軟體的力量，開始了好葉的動畫個人成長頻道。

有了工具，有了決心以後，現在差的就是知識了。

好葉繪畫 YouTube 班

重點回顧

觀點 1

網路時代，人人有機會。只要調動你的好奇心來學習，就能靠網路學有一技之長，占有一席之地。

觀點 2

文憑只是一張車票，能力證明才是一張悠遊卡。與其積累文憑證明，不如積累能夠證明你能力的作品或是經驗。

3．YouTube 新手上路指南

　　不管你進入什麼樣的行業，你都要先了解這個行業的商業模式是什麼。

　　只有你清楚了這個行業的商業模式是如何運作的，在實際經營的時候，才會清楚自己應該要怎麼做、怎樣才算做得好，以及要達到什麼樣的效果才算是成功。

有知識，才能讓你的熱情更快上軌道

　　就像在考駕照學開車一樣，你必須要先了解汽車是如何運行，轉彎要注意什麼，在什麼地方應該要加速，什麼地方應該要踩油門等。只有學習了解整個規則，你才能成為一個優秀的駕駛員。

　　我簡單跟大家說明一下 YouTube 的商業模式。

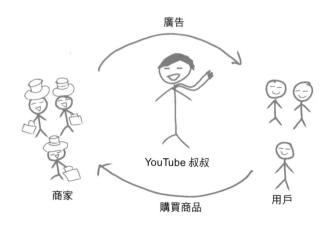

　　YouTube 是一個影片分享平台，提供給影片創作者來發布影片，同時也提供商家打廣告。商家付費給 YouTube，讓他們的廣告出現在創作者的影片上（就是你經常看到 5 秒後才可以省略掉的廣告）。

　　YouTube 會利用運算系統，安排給不同的用戶適合的廣告，所以同樣的影片不同的人觀看，也會有不同的廣告出現。

　　之後，YouTube 會根據廣告的出現次數、觀看長度、點擊等的運算，再扣掉一些經費，剩下的就是 YouTuber 的收入了。

其實付錢的不是 YouTube，而是那些商家，YouTube 只是提供平台連接商家和創作者而已。

根據我的經驗，在中華地區（馬來西亞和新港台），如果你的影片有 1000 觀看次數的話，大約淨賺 2～4 美元，這也就是 YouTuber 常說的 CPM（Cost Per Mile），即每千次的點擊率，YouTube 要分給內容創造者的收益是多少。

根據你的內容屬性和觀看者地區，收益也會有所不同。據我所知，美國、英國和歐洲等歐美國家的 CPM 都是 5 美元起跳，到 30 美元都有。

YouTuber 變成了一個職業，是一門生意

為什麼會說 YouTube 也是一門生意呢？因為當你把影片上傳到 YouTube 後，只要持續有人看你的影片，你就會有收入，我們把這種情況稱作被動收入。

就算你在吃飯、睡覺、約會，只要 YouTube 保證它的系統一直穩定，一直有人看你的影片，有廣告播放，你就會有錢賺。

當然很多 YouTuber 不單單只是靠廣告賺錢而已，其

實還有業配（商家付費給你或贈予產品，你做一支影片幫它的產品打廣告）、聯盟行銷（比如許多影片下方的購買連結，是利用網址向你的觀眾推薦某些產品。如果有人從你的連結購買產品，你就會得到一些佣金）、推銷自己的周邊產品等。

周邊產品就是你自己做一本電子書或網路課程來販售給有需要的受眾等。

注意力在哪裡，錢就在哪裡

在網際網路時代，注意力變成了非常寶貴的「新資產」。

經濟活動已經從線下轉移到了線上，就算沒有廣告，也還有很多方法可以為 YouTuber 帶來收入。只要你的影片有人看，錢自然就會找上你。

很多成功的 YouTuber 都是年收百萬、千萬美元，像其中一個 YouTube 頻道：Ryan's World，專門產出有關玩具開箱的影片，就坐擁 2 千 7 百萬粉絲，頻道總點播率超過 400 多億。

看好，單位是億哦，不是萬。據報導，創作者萊恩．

卡吉（Ryan Kaji）當時年僅 7 歲，2019 年收入就超過了 2600 萬美元，比上市公司老總還有錢啊。

在這個時代，網際網路放大了每個人的槓桿，讓人人都有機會。只要你有決心、有毅力，懂得善用手頭上的每個資源，每個人都有實現自己夢想的權利。關於如何善用資源這一點，在後面我也會和大家詳細解說。

為學習而工作，不為金錢而工作

還記得前面我說的，要累積經驗證明自己的能力嗎？儘管當時我已經知道 YouTuber 是可以在網路上賺錢的行業，但當時成立頻道的目的並不是為了賺錢，而是為了累積經驗，好讓這個頻道可以成為我的能力證明，證明我是懂內容運營，有能力做網路營銷的。

影片可以成為我的作品，而訂閱人數就成為我的成績，為的就是取得一張進入傳媒行業的入場券。

當時我並沒有想過 YouTube 可以給我帶來收入，創造被動收入之餘，還可以啟發和幫助更多和我一樣渴望學習成長的人。因為我知道，機會伴隨而來的就是競爭。

一個人人有機會、充分競爭的時代

　　每當一個行業崛起，人們往往都會看到那幾個最頂端的成功者，卻不知道墓地裡到底埋葬了多少個失敗者。德國作家魯爾夫・杜柏里在他的《思考的藝術》（*The Art of Thinking Clearly*）一書就提到：

　　「每一位成功的作家背後，都有 100 個作品賣不出去的作家；每個作品賣不出去的作家背後，又有 100 個找不到出版社的作者；每個找不到出版社的作者背後，又有數百個還不願意動筆的寫作愛好者。」

　　我們總是聽到成功者的故事，卻認識不到成功的概率有多小。企業家、藝人、運動員、建築師、攝影師，YouTuber 也是一樣，媒體根本就沒興趣去刨挖失敗者的墓地。

　　有許多創作者做了幾百幾千部影片還是沒有人看，連一分錢也賺不到。而媒體更是喜歡報導成功者的故事，又有誰會有興趣去刨挖失敗者的墓地呢？

　　當然，我說這些並不是要抹滅你的希望，而是要讓你知道，伴隨一個紅利平台的出現，競爭將會是非常的激烈。

如果你想要脫穎而出，就必須不斷學習，不斷改進，找到屬於適合你的藍海市場。

藍海策略是我在大學時期學到的商業概念，現在我就來和大家分享這個概念，以及我是如何運用藍海策略脫穎而出的。

YouTube 時代的藍海策略

有個漁夫在一次航海時意外發現了一片新海域，新海域中有很多魚，只要在那邊捕魚，出海不到 2 個小時就能滿載而歸了。

於是，他每天都會到那片新海域去捕魚，然後又會滿載而歸。日復一日的，這個漁夫很快的就變成了富人。

但鄰居農夫看到了漁夫雖然三天打漁兩天曬網，但只要一出海，漁船總是會滿載而歸；哪像自己，每天背著大太陽耕田，從早忙到晚還賺不了幾分錢。

農夫見這漁夫那麼好賺，想想不如自己也投身大海吧，於是帶著自己的小板船，隨著漁夫出海捕魚了。

第一天果然大豐收，一天的捕魚收入，已經是自己辛苦耕田一個月的成果了。嘗到了甜頭以後，農夫就再也不做農夫，轉行當漁夫去了。

其他農夫見狀，也紛紛加入了當漁夫的行當，一個接一個的都變成了捕魚大亨，而這片新海域也開始熱鬧了起來；獵人看了，心想兔子還要一隻一隻打，不如網撒下去，一籠籠的魚就這樣上來了，於是也加入了這個行列。

這時，這片原本資源豐富的大海開始變得非常擁擠，漁船遍布了整個海域。每艘漁船都開始覺得收獲的魚越來越少，而漁船卻越來愈多。

為了搶奪這一片有限的海洋資源，漁夫們開始用盡手段互相廝殺了。

　　較大的漁船會直接把剛進入大海的小漁船給碾壓過，而大船和大船直接則會開炮互炸，或是破壞對方的漁網，企圖摧毀對方以搶占海洋資源。

　　這片原本資源豐富的海域，慢慢的就變成了血淋淋的紅海。

　　如果你帶著自己的小板船進去這片紅海，你覺得會怎樣呢？肯定就會變成了炮灰嘛。

　　現在的 YouTube 也是一樣，當大家嗅到了機會後就會蜂擁而至，伴隨而來的就是競爭。

　　再加上科技降低了這個行業的門檻，只要你有手機就可以拍影片、當 YouTuber 了，幾乎是零門檻，競爭的激

烈程度可想而知，你隔壁家的阿姨說不定就是一位網紅。

　　相信大家多少都知道什麼是供需曲線吧？當供應大於需求的時候，價格就會降低，其中的收益就會減少。

　　如果把使用 YouTube 的用戶當作「需求」，把製作影片的創作者當成「供應」，現在的情況就是供應的增長遠大於需求的增長。

　　這片海就只有那麼多魚，漁夫卻越來愈多。在這種人人有機會競爭的時代，我們應該要怎麼做呢？

定位模型：去尋找自己的藍海

我的作法就是去尋找屬於自己的一片藍海。

有可能這片藍海比較偏遠，也沒有很多的魚，卻也少了和你競爭的漁船，也只有你知道在那裡捕魚的方法。

等你慢慢的在那偏遠的藍海把漁船養大後，再回到那片大紅海和其他大船競爭也不遲。

我們又要如何找到自己的藍海呢？答案就是「細分」。簡單來說，就是不要什麼都做，只專注在做一件自己擅長的事，只服務好一個族群。

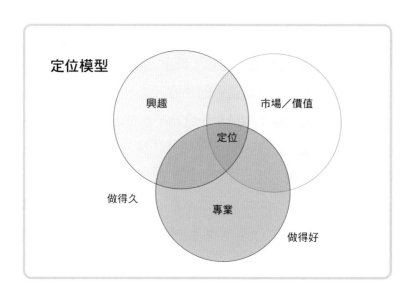

　　這樣說可能還是有點空洞，沒關係，這邊好葉就一步步帶你找到你的細分定位。

　　首先，先讓我們來了解一下自己的優勢是什麼？和大家分享一個我獨創的「定位模型」。這可以幫助你利用現有的優勢來定位自己的網路生意，為市場創造價值。

從興趣下手

　　首先，興趣很容易理解，就是你的業餘愛好、喜歡做的事，比如打籃球、跑步、健身、寫作、拍攝等。

　　但這裡要和大家釐清一下，請不要把興趣和消遣混淆了，凡事不用動腦，不用花費精力去創造、培養的東西，像是睡覺、喝酒、追劇、買東西等，這些都不是你的興趣，而只是一種你喜歡的消遣方式。

　　就拿喝酒為例，如果你只是為了買醉而喝酒，那喝酒對你來說只是個消遣；但如果是為了研究酒種、酒的成分、來歷、品嘗方法、搭配方式，那品酒就是你的興趣。

　　要把錢花在你的興趣上而不是消遣上，因為興趣是可以累積的，得到的快樂也將會持續擁有，而消遣頂多只能享受一兩天而已。

　　你的興趣就是一個可以拿來創作 YouTube 內容的方向。有可能你並不是行業中最好的，但是興趣可以驅動你把一件事情做得很長久，讓你在沒有利益的誘因下，還是對這件事充滿了熱情。

　　經營 YouTube 頻道或網路事業就像是創業，既然要創業，為什麼不去選擇一個自己喜歡、想要做的事情來做呢？

從專業下手

　　再來就是專業，也就是你在自己行業中所擁有的經驗或知識，這些都是現成的，是可以馬上給你帶來產出的工具。

　　比如說你目前從事房產仲介，那麼自然而然的，你這方面的知識是非常精通和專業的，朋友想要買房就會來找你諮詢一下，你也馬上能夠給他答覆，滿足他的需求。

　　從專業領域入手做 YouTube，是一個讓你很容易上手的方向。因為你會做得好，做得好就會在過程中逐漸產生滿足感，讓你想要堅持下去服務更多的人。

　　最後，**不要限定自己的頻道，定位不一定要同時符合**

興趣和專業這兩個元素，從其中任何一個開始都可以。

如果你從興趣開始的話，那麼你就可以做得久，做久了慢慢的就會強化你的技能，變成你的專業；專業也是一樣，你原本就很擅長這個領域的門道、做得好，若能幫助到更多人，滿足感也會油然而生，慢慢喜歡上這件事。

興趣和專業是相輔相成的，我提供這個框架就是想要讓你對自己在定位上，使用自己的優勢來發力，讓自己可以容易達到成功。

把優勢化為價值

對自己的定位有了方向後，接下來要做的就是把興趣或是專業轉換成有價值的東西，也就是別人需要或是想看的內容。

要找到影片的價值，我們可以先問問看自己：為什麼人想要到 YouTube 上去觀看影片呢？

可能你馬上就會想到：「我上 YouTube 是為了學習」「我上 YouTube 是為了看我喜歡的網紅」「我上 YouTube 只是想要聽歌而已」，這些答案都沒有錯，但更深層的一點的需求，我把它總結成以下這三個方面：

1. 娛樂

是極大多數人上 YouTube 的原因：為了要獲得娛樂，想要看看輕鬆搞笑的影片來放鬆一下自己。

這個方面的領域就包括了遊戲、惡整、八卦、音樂、旅遊、吵架等。你會去看這類型影片的目的就只有一個：娛樂自己，也不需要用大腦去思考。

娛樂性的影片一般流量都是最多的，因為人類天生就不喜歡動腦，學習思考就是一種反人性的行為。

2. 訊息

在訊息爆炸的網際網路時代，知道得越多，選擇也就越多了。

週末要看什麼電影？要看哪一本書？要去哪一家餐廳吃飯？要買哪一輛車？要買什麼款式的電腦？最新的手機到底好不好？我要不要買？

當選擇太多的時候，你會怎麼辦？我們可能會問問朋友，也有可能會上網去獲取更多的訊息來幫助自己做決定。

以前你可能會刷一刷部落格或論壇看看其他人的評價，但現在有影片給你看，YouTube 影片打開馬上可以找到大家對一個產品的評價，既輕鬆又方便，不需要一直

盯著文章閱讀。

　　打開影片就有人告訴你產品的由來、用得怎麼樣、適合哪種人使用等，而且還有生動的畫面看。效率馬上就提升了好幾倍，知道要怎樣做決定了。

　　這類型的影片就包括電影解說、開箱、美妝、科普、車評、3C 電子產品、美食的評價等。

3. 教育

　　YouTube 除了用來消遣娛樂外，也有人看影片是為了學習，解決生活上的某些問題。

　　比如你的英文很爛，想要提升自己這方面的能力，那可能就會上 YouTube 找找看提升英文能力的方法，像是面試技巧、日常溝通用語、商務英文等。

　　這一類的影片就包括了某個領域的專業知識，心理學、說書、外語、投資理財等各種教學類的影片。

　　以上是為大家總結為什麼要上 YouTube 的三個原因。

　　娛樂讓你消遣，訊息幫你高效做出決定，教育讓你解決生活問題。為什麼我要問大家這個問題呢？因為這三個答案其實就是市場需求，而滿足需求就是讓你創造價值的地方。

　　知道了大家的需求後，你就可以利用自己的興趣或專業來滿足它、創造價值。

　　到底你想要給大家帶來的是娛樂的價值？還是訊息？還是教育？選好了一個定位後再繼續細分下去，才能找到你的藍海市場。

細分定位，做小海中的專家

　　舉個例子，假如你想要給大家帶來訊息的價值，你選擇的是做電影解說，那麼電影是專注在**驚悚恐怖片**、愛情片、動作片、倫理片、科幻片還是其他片型呢？

　　自從谷阿莫的出現，大家看到了電影解說方面的需求，影評人便如雨後春筍般冒起，很快就變成了一片大紅海。

　　如果你想要脫穎而出，就需要懂得細分自己的定位，做一個領域的專家。比如只講某種類型的影片，把它講到最精，給大家塑造一個最專業的印象。這樣以後大家想到要看特定類型的影片時，第一個想到的影評人就會是你。

　　我的頻道也是一樣，我只專注在做有關自我提升的內

容，並不會跑去做搞笑或惡作劇等娛樂性質的影片，這樣能保持我在觀眾對心目中的專業度，繼而持續追蹤我的頻道。

你也是一樣，如果把自己定位成理財頻道，就不要跑位，突然跑去做搞笑的內容，這樣會造成品牌不夠集中。

粉絲原本就是因為想要來你的頻道學習理財的知識，結果看到了搞笑的影片。這時候他的腦海中就會浮現兩種想法：

「我來你的頻道就是要來學習理財內容的，你怎麼給我看搞笑了？看來沒有我要的東西了，我還是退訂吧。」

或是「你到底是做理財的，還是搞笑的啊？看起來不是很專業，我到底應不應該相信你講的東西呢？」然後慢慢的就會對你的頻道失去興趣。

所謂「多才多藝藝不精，專精一藝可成名」的觀念早就根深柢固在我們的思想中，就算你在兩種不同領域都是專家，和只專精在一種領域的專家相比，大家還是會認為專注一個領域的這個頻道更加專業。

就像 Apple 出了一款牙膏，你牙膏用完時還是會跟高露潔買一樣。所以說，不要把自己的頻道變成雜貨店，要做一個有品牌的 YouTuber。

重點回顧

觀點 1

這是一個人人有機會，充分競爭的時代，因此我們要善用藍海策略，先養大你的漁船後，再和群雄爭霸。

觀點 2

定位：從興趣或是專業入手來提供市場價值，就能快速找到你在網路上的利基市場。

4・YouTube 頻道加速成長攻略

頻道快速成長的 3 大關鍵

1. 從模仿中學習有效的方法

　　一開始成立頻道時，你肯定不知道要怎麼呈現你的影片，怎麼樣才能做出有質量的影片，此時最好的方法，**是先找幾個可以讓你借鑒的對象。**

　　找幾個和你定位相似，但粉絲量非常多、已經成功的頻道，學習以及效仿他們的模式、拍攝手法、呈現影片的方式以及主題等。

　　模仿不僅不可恥，反而還很有必要。大家可以回憶一下，小時候練字和繪畫時，都有著跟著字體寫，跟著圖案外線畫的動作。

　　模仿的本質，就是把參照物的優點都複製到你的腦海

裡，內化成你自己的東西。如果你只是自己盲目探索，看起來是很努力，但事實上是走了很多彎路，還不如完全掌握正確作法後，再根據自己的經驗對其進行改進和突破。

但模仿的最終目的是學而不同，甚至獨樹一幟。我的頻道剛起步時也是模仿 Practical Psychology 這個頻道的模式、他呈現影片的方式、封面的設計、主題等。

如果你細心觀察的話，你會發現我較早期的影片中的動畫和封面也是寫英文的，但隨著頻道的成長，根據市場的反應和粉絲們的建議，我也慢慢打磨出屬於自己的風格，成為大家模仿的對象了。

我就是利用了藍海策略開啟自己的頻道，並透過借鏡成功對象來學習，一步一腳印把頻道做起來的。

起初我製作影片最主要的目的是為了學習、積累經驗，好讓畢業後有人願意聘請我，讓我可以進入網路行銷這工作領域。但慢慢的在不斷產出影片後，看到了粉絲的留言反饋，我漸漸找到了自己的使命感。

大家喜歡看我的影片，不就是因為內容可以讓他們學到東西、帶來啟發嗎？因此我也給自己制定了一個使命：**「提供啟發性的內容，服務和我一樣追求成長的社會新鮮**

人。成就奮鬥者，幫助他們提升社會競爭力。」

2. 你的包裝：以貌取人的網際網路時代

很多人會說不要以貌取人（Don't judge a book by its cover）。

但在網際網路世界，第一印象是非常重要的，你的外表必須對得起你的內容。

尤其是在這個競爭激烈的 YouTube 市場，如果大家無法對你的標題、你的封面產生興趣，那麼就沒有人會點擊你的影片來看。

就算你有這個世界上最好的內容、最引人入勝的話題，如果不能吸引人點進影片的話，內容永遠也不會被人看見。所以你必須為每一支影片精心設計吸引人的標題和封面。不知道怎樣做？看看我的頻道就知道了。

一般我在寫標題的時候，都會依照兩種元素：**第一、會激發好奇心的；第二、很多人會搜索的。**

將這兩個元素組合起來，就會出現像這樣的標題：〈怎樣才能越有錢越幸福？〉〈99% 的人都沒有真正做到聰明工作〉〈5 個實用聊天技巧～話題永遠聊不完〉〈5個方法讓你瞬間變快樂〉等。

想想你該如何抓住觀眾的注意力，才能在 YouTube

戰場裡脫穎而出。

3. 掌握經營事業的三種特性

在每一門生意上，我們都會有三種特性：**技術師、經理人和企業家。**

技術師會特別熟練和了解，某些方面的知識或者技能，是某種領域的專家。善於製作產品，但並不知道怎樣去行銷；

經理人擅長安排工作，也擅長啟發和鼓勵別人為自己工作。雖然不是某種領域的專家，但會安排適合的人選去完成一項工作；

企業家則擅長制定計畫和目標，實現想要達到的願景，也總是充滿理想和熱情去迎接每一個挑戰。

做 YouTuber 時，必須平衡這三個特性，才能讓你的頻道持續成長。

在剛起步時，你必須先用技術師特性來控制成本開銷。盡量用最少的錢來製作你的影片，且要明確計算出你製作每一個影片的成本是多少，不然還沒有賺錢就已經在虧錢了。

在我剛開始創建頻道的時候，我每個月只花 14 美元購買繪圖軟體來製作影片。錄音和一些露臉的影片用手

機，影片裡的素材都找免費的使用。直到頻道穩定後，我才陸續購入更好的設備和設計軟體，不斷提升影片的質量。

當你的頻道穩定的成長，有了一些收入後，再聘請別人來協助你（經理人特性）。如果你想要發展擴大，就需要別人的幫忙，讓別人去做你不擅長的工作。

如果你擅長寫稿和拍攝的話，就請人去幫你剪輯影片、製作封面、推廣你的影片等，讓自己專注於擅長的東西。

我本身比較擅長寫作和規畫流程的部分，所以到現在有了團隊後，自己經常還是會寫稿，然後讓剪輯師來做影片，讓他們做導演，我就打磨好自己的內心戲，做一個稱職的演員。

同時你也要需要企業家特性來迎接每一個挑戰。這在過程中肯定不容易，不要只做兩三個影片後，發現很少人看就放棄。

讓你的觀眾留下評論、從批評中學習，再尋找方法持續地改良你的影片，我就是這樣一路走來的。保持企業家精神，持續地推出你的影片，堅持才是致勝的關鍵。

如何零成本主動出擊，快速增粉？

　　在這個網際網路時代，我們不能守株待兔。頻道初期總是最難熬的，因為沒有人認識你，也沒有人願意替你推廣。

　　影片做好了，興奮地上傳到頻道，第一天 1 千次點擊率，第二天 1 萬次點擊，第三天 10 萬……然後廠商一個接著一個來，電腦、拍攝器材、椅子全部不用自己買，乾爹贈送就好。

　　這是所有 YouTuber 剛開始經營頻道的幻想。但事實上呢，影片上傳後第一個看的人是在筆電上的你，第二個則是在手機上的你。

　　然後這個數字可能持續了一兩天後，你打電話給你的損友幫忙刷一刷流量，終於影片的點閱率來到了 10。

　　為什麼 YouTube 不幫我推送啊？明明我的影片拍得那麼好！為什麼那些每天拍廢片的屁孩點播率幾十萬幾十萬的增加，我這樣好的影片半隻貓都沒有啊？能不能公平一點啊？看來我就不是做 YouTuber 的料，反正影片都沒有人看，還是算了吧。

　　這是很多新手會做的事，拍了一兩個影片上傳後卻

看不到效果，馬上就覺得自己做不成，反正也是玩玩而已，放棄只需花幾秒鐘。

被動者和主動者的區別

我很喜歡史蒂芬・柯維《與成功有約：高效能人士的7個習慣》裡的第一習慣：**積極主動**，這對我影響至深，讓我做任何事情都會更加容易成功。

小時候，我總喜歡問爺爺為什麼我們會那麼窮？爺爺回答說：「是因為政府的問題，二十年前幾分錢就可以吃上一頓大餐，現在的錢越來越小，物價卻越來越高，這都是因為政府不懂得如何控制價錢，才讓通貨不斷的膨脹，錢變得越來越小，我們才變窮的。」

那時候我聽了覺得還滿有道理的，可想了一想，不對啊，如果照爺爺這樣的說法，不就沒有富人了嗎？可是我對面家的婆婆依然還是很有錢哦！

於是我便跑去對面家去問了那個婆婆：「為什麼通貨膨脹，讓我們的家變窮了，你們家依然還是那麼有錢？」

結果婆婆給我的回答是：「因為通貨膨脹的時候，我們努力的去賺更多的錢。而你爺爺整天就在那邊抱怨東

抱怨西，當然是會變窮啦！」

　　看到了嗎？我爺爺就是那種被動者，總是喜歡專注在自己無法控制的東西，總喜歡抱怨經濟不好、政府不好、社會不好等。而對面家的婆婆就是積極主動者，總是關注在自己可以控制的東西，不會去抱怨東抱怨西。

　　她和我爺爺一樣在賣菜，但她從來不會抱怨行情不好、生意難做這些無法控制的因素。而是不斷的提高她的服務和營銷策略，吸引更多顧客來光顧，而造就她就算是在經濟不好的情況下，還能持續的擴展自己的生意。

在做 YouTube 時也是一樣。不要坐以待斃，想想看你還有什麼事情是你可以做的？

頻道成立初期，從 0 到 1000 個訂閱者是最難的。到了 1000 個訂閱之後，如果你有持續的上傳和更新影片，很有可能你就會看到爆發性的成長，但大多數創作者都死在了 1000 個訂閱以下。

萬事起頭難，剛開始的階段的確非常難熬，在此我和大家分享幾個主動出擊的增粉祕訣，而且每個人都很適用。

增粉 5 大招

1. 溫暖市場（Warm Market）

就像拉保險一樣，在你加入保險業時，上司或前輩會告訴你，讓你先從親朋好友開始，就算不想買也會捧捧場幫你分享一些嘛。

溫暖市場就包括了你的親人、朋友、同事、客戶、消費場所等。看到他們的時候，跟他們提起你有在經營 YouTube 頻道，要求甚至強迫他們訂閱，在頻道有了幾個影片後，我就馬上寫了一封「認真」的邀請短信給我所

認識的每一個人：

> 你好，我是好葉。
>
> 小弟目前正在做有關個人成長的YouTube頻道，裡面會提供一些有關於心理學和個人成長的內容。
>
> 我想要把啟發到自己的知識做成影片，在影響到更多人的同時，也可以提醒自己。
>
> 不知道是否可以請你幫小弟一個忙，幫忙訂閱一下我的頻道？
>
> 如果可以的話，也請你為我的影片提供意見，讓我可以做得更好！
>
> 感恩～感激～ Gracias ！

你的請求必須讓人感受到你是認真的想要做這件事，而不是隨隨便便的說：「誒，我最近在做 YouTube，幫我訂閱一下頻道，謝謝大家！」

朋友看了這樣的信，馬上就會覺得你只是玩玩，極有可能就會忽略掉這則訊息了。

但如果是像我一樣認真的內容，反而在他們的心中會對你產生一種敬佩，敬佩你有勇氣去追求自己喜歡做的

事情。就算影片內容不是他感興趣的，他也會因為這一份敬佩感而想要幫助你成功。

就這樣，發出這個誠懇認真的訊息後，頻道的訂閱人數就馬上增加到了 70 人。雖然他們可能都不是我的粉絲，但至少我創造了一個光環效應，讓新進入 YouTube、不小心點到我影片的人看到，這個頻道是有人喜歡看的，那我也跟著訂閱，肯定不會錯。

相比起沒有訂閱者的頻道，看到影片的人可能就不會去點訂閱的按鈕呢。因為他可能會覺得這個頻道是沒人看的，肯定不是什麼好東西，還是小心為上好了。人就是這樣，越熱門的東西就越多人搶著要。

2. 消費場所

有句話說：「Where you spend the money, tell your story.（你在哪裡花錢，那就在那裡傳播你的故事）。」

很多人都沒有好好的利用消費場所，比如理髮店、咖啡廳、社團、俱樂部等，這些服務你的人其實更願意訂閱你，因為你是在他的地方消費。

試想，如果一位常客要求你訂閱他的頻道，你會不會拒絕他這個小小的邀請呢？肯定不會嘛，那為什麼不在你消費的地方，說說你的頻道呢？可能老闆回家後還會

告訴他的家人呢。

3. 社交媒體

每當你完成一部影片，就把連結網址分享到自己所有的社交媒體上，包括 IG、臉書、Line、Telegram、微信、論壇等。

頻道的前幾支影片，就別指望 YouTube 會幫你推出去。我初期除了自己的臉書、微信有在推影片以外，我還列下了很多個地區的論壇，比如說台灣有 Pixnet 痞客邦、UDN 部落格、卡提諾論壇、ptt 等；而馬來西亞就有 Cari.com、JB talks 還有討論區，這些都是免費讓你發布內容的渠道。一有時間，我就會在上面以嵌入 YouTube 連結的方式發布自己的內容，衝衝流量。

現在呢，我個人認為流量都集中在臉書，ppt 這樣的地方，所以建議可以在各大群組裡。

多散播有價值的內容，因為你的影片能為他的群組提供多元性和價值，版主們通常都會讓你的影片通過。

在這個競爭激烈的自媒體時代，你一定要主動出擊，而不是守株待兔。多一個曝光的渠道，就多一個把關注轉為粉絲的機會。

4. 與其他 YouTuber 合作

　　一般的方式，就是兩個 YouTuber 以互相訪問的方式拍兩個影片，然後同時上傳到各自的頻道上。

　　但在你還沒有訂閱前，想要找其他 YouTuber 合作拍片是很難的事，除非你跟他們本來就有交情，要不然就是給他們金錢上的利益。

　　我在頻道訂閱數還較少時也嘗試過這個方法，結果大家都不鳥我，或是敷衍我說很忙。所以建議大家剛開始時先別專注這一塊，把心思放在製作更有價值的影片上。

　　當然，還有一招就是在其他和你差不多性質的頻道上留言，真心點評和感謝對方所提供的內容，這同樣可以幫助你吸粉，因為他的粉絲在留言的時候就會看到你，也就有可能點過去看你的影片了。

5. 投稿到宣傳平台

　　你也可以把你的作品投稿到一些大的流量媒體，比如 VS Media、Web TV Asia 或是東森等。

　　發布在其他的渠道後，我只要有時間，就會試試看投稿自己的作品。

　　這些平台每天都有大量的投稿，如果你的投稿影片被採用了，除了可以達到曝光以外，還可以知道你的作品

是否有在提供價值。投稿成功的話，影片價值一定少不了，這也是對你影片的一種肯定。

我的頻道也是如此，其中一支影片：《5 個實用聊天技巧 ～ 話題永遠聊不完！》被某個擁有 200 萬粉絲數的臉書專頁拿去播放、並且註明出處後，一下子就爆紅了，而且自從那次之後，我的頻道每天都會新增 300 ～ 500 個粉絲數，有時候還會達到 1000。這個數字從來都沒有停止過，一直穩健地成長著。

很多人會覺得我只是幸運而已，剛好莫名其妙就爆紅了，但我始終認為那是我付出、積極主動而得來的結果。

如果我沒有持續產出影片，又有誰會持續追蹤我的頻道呢？如果我沒有主動在各大渠道發布內容，那怎麼會有更多的人看到我的作品呢？如果我沒有持續投稿，那又怎麼有機會被流量大的專頁拿來分享呢？

「盡人事，聽天命」，這個道理就和積極主動的概念一樣。我們很多時候都可以問問自己，還有什麼事情是你可以做的？而不是坐以待斃，自暴自棄。

專注去做自己可以控制的一切事情，把它做到極致，剩下的結果如何，就不必患得患失了。

重點回顧

觀點 1

起步增長，就靠著三招：

- 從模仿中學習有效的方法，先掌握正確姿勢，再發展獨有風格。
- 網路世界，大家都容易以貌取人，所以除了有內涵，還要會打扮。
- 在一門生意上，只要維持這三個特性的平衡：技術師、經理人、企業家，成功就離你不遠。

觀點 2

網路時代不能守株待兔，利用 5 大增粉策略，主動出擊：

- 對於溫暖市場，用心寫信懇請援助。
- 對於消費場所，哪裡花錢，就在哪裡傳播你的故事。
- 對於社交媒體，多推送，就多一次曝光的機會。
- 對於其他同行，互相幫忙，就能夠互相導粉。
- 對於宣傳平台，多投稿，就有機會被更多人看見。

5・如何擴大品牌影響力？

利他之心：創造高價值的內容

前面說了那麼多開始製作影片的過程、如何累積粉絲數、一直到如何透過學習來創造無限內容，這時你可能就會問我：「好葉，我有內容，但是別人不想看怎麼辦？」

在我經營 YouTube 的過程中，很多網友都會在直播間留言問我：「好葉，怎樣才可以讓自己影片的內容引人入勝？」「為什麼我的內容別人都不大愛看啊？」我就會告訴他：「只要秉持利他之心，就能夠抓住觀眾的心了。」

隨著網際網路時代的發展，資訊隨手可得，每一個資訊供應商（YouTuber、媒體、部落格、綜藝節目等）都在爭奪用戶的注意力，所以如何鎖住觀眾的注意力，是

致勝的非常關鍵。

最常見的手法就是標題黨了，故意用比較聳動或誇張的標題來吸引點擊影片或是文章，但如果內容和標題不符，這樣反而會抓不住對方的心，觀眾反而會覺得自己受騙了！所以我更喜歡的作法是「提供高價值的影片內容」，利用品質來鎖住對方的心。

好葉這裡就來和大家分享，我創作內容從開頭到結尾的框架：

開頭：營造共鳴，預覽內容

我們先來和大家說說開頭。**人類的兩大驅動價值就是追求快樂和逃避痛苦**，我們可以在開頭利用「痛點」或「亮點」來引起共鳴，讓大家感同身受，然後想要繼續觀看你後續的內容。

為什麼我們要拿痛點和亮點作為開場呢？因為痛點或亮點能給觀眾一個去觀看你影片的理由。你給了他們一個想要追求快樂或是逃避痛苦的動力，而想要達到以上其中任何一點，就要把你的影片持續觀看下去。

痛點指的就是我們經常會遇到的麻煩事，或是必須要

迫切解決的問題；而亮點則是觀眾想要追求的目標，或
想要得到的東西。

　假設一個牙醫今天想要做的主題是：〈導致你口臭的
5 大原因〉，那麼開頭就可以這樣說：

　　你有口臭的困擾嗎？口臭雖然不致命，但往往
給我們帶來許多無奈和困擾。
　　在交談的時候，你發覺親人朋友總是會有意無
意的避開我們，另一半有時候也會因為口臭而不想
和我們有親密互動，有時候更是因為口臭問題而給
客戶留下了不好的印象。

　看到了嗎？當我這樣說的時候，那些有口臭問題的受
眾，馬上就能夠感同身受，引起共鳴。有了這個共鳴以
後，他就會期待你能給他什麼解決方案，繼續的把影片
給觀看下去。（這邊要聲明一下，好葉是沒有口臭問題
的哦！）
　又或者你也可以利用亮點的方式來作為開頭，比如：

　　你想不想擁有口氣清新的口腔，讓身邊的人都一直想要多跟你聊幾句？或是讓另一半總是忍不住想要給你親一口？又或是給你的客戶留下良好的印象呢？

　　今天就和大家分享幾個讓你一整天都可以保持口氣清新的方法。

　　這樣以亮點來開場的方式，同樣可以勾起觀眾的欲望，繼續把影片給觀看下去。

　　再給大家看看好葉影片的兩個例子，首先這一部有關《3 個步驟輕鬆增長財富》的影片開頭，先道出痛點，再預覽內容。

　　剛進社會的打工族、上班族都有一個困擾，一個月收入才 2000～3000 馬幣（約 1.3～2 萬台幣）左右，如果有外面租房買車，扣掉房租 400 元、汽車貸款 400 元、伙食費 600 元，就只剩下 1000 多元左右。

　　再加上保險、娛樂休閒、出外拍拖、上網雜費旅行等，到了月底，不知不覺就變成了月光族。

到底要怎樣才能夠讓自己的銀行帳戶多一個零呢？今天好葉就和大家分享可以讓你輕鬆增長財富的3部曲！

就這樣短短的幾句痛點的描述，再預覽接下來要說的要點，馬上就可以引起年輕人的共鳴，想要觀看我給他們提供給的解決方案是什麼；或者你也可以直入亮點，再預覽內容：

你想不想利用故事思維，以最低的成本達到行銷目的，快速打造品牌影響力呢？今天好葉要和大家分享的這本書就叫做《故事課2：99%有效的故事行銷，創造品牌力》。

讓作者許榮哲教會你利用No.1品牌行銷，情感故事行銷，以及認知價值行銷，快速打造品牌影響力！

重點回顧

在這裡整理一下，無論是痛點還是亮點，都可以讓你勾起觀眾的欲望、繼續觀看影片，想要知道你可以給他提供解決痛點的方案或達到目的的方法是什麼。

觀點 1

亮點或是痛點都是能給你營造共鳴，讓觀眾繼續把影片給觀看下去一個理由。

觀點 2

但切記，這樣的亮點或是痛點的陳述，不能過於冗長，不然的話觀眾就會覺得你很煩。保持在 2 ～ 3 句的描述即可，然後就可以直接告訴觀眾你今天想要和大家分享的主題是什麼了。

觀點 3

當你成功在開頭營造共鳴，預覽內容，把觀眾留下來進入到主要內容之後，你就成功了一半。

高價值內容：有理據、有方法、有經驗

除了利用痛點或亮點來開頭、引導觀眾進入影片的要點，還要跟大家分享三個我常用的呈現方式：有理據、有方法、或是有經驗。

這三種方式都是用於說服讀者，或是給他們提供價值的方法。你的影片要有足夠的說服力，觀眾才會相信你說的話，而只要觀眾相信了你說的話，那麼彼此之間的信任感就會建立起來，觀眾才會願意為你買單，透過你的影片購買產品，又或是替你訂閱、點讚和分享。

1. 有理據

你可以利用一些過往的案例、實驗，或研究來佐證你要說的影片主題。比如你是做房地產的，你的主題是〈購買公寓的 5 大好處〉，那麼當你說完了開頭，在進入了第一個要點：

購買公寓的第一個好處是：宜商、宜租。根據某某報告指出，與場上普通的置地屋相比，越來越多的年輕人更加願意選擇租住在公寓，因此在未來 3～

> 5 年間，整體公寓產業的需求將會大幅增加，其價值
> 預計將會上升到 25 ～ 50% 不等。這比起置地房屋平
> 均每年 5% 的升值空間，還要高出了 20 ～ 45%。

看到了嗎？這就是用數據報告來進行說服的方法，比起你只說「公寓是未來的趨勢，未來的升值空間將會非常大」來得更加有說服力。

再來看看好葉的例子，我有一支影片是在解說時間管理的方法，提到其中一個方法叫作「帕累托法則」。

但這個名詞並不那麼常見，所以當我說出這個概念的時候，可能有很多人搞不懂，因此我直接把帕累托的緣由給講述出來，給人一種有根據的感覺，同樣可以達到說服的效果：

> 運用帕累托法則來管理時間：在 1896 年，法國
> 的一位經濟學家帕累托發現，在一個經濟體系裡，
> 20% 的人掌管了 80% 人的財富，也就是說，在 100
> 人裡，有 20 人的財富，就是剩下這 80 人財富的總
> 值。
>
> 這個原理後來被廣泛運用在各種領域，包括資

源分配、時間管理、科學預計、電腦預算、運動練習等，更可以巧妙的運用在時間管理上。

80% 的結果都源自於 20% 的導因，因此我們也要經常回顧自己的工作，不斷修正，直到把大部分的時間都花在 20% 最重要的事為止。

利用理據的方式不一定是一個報告數據或研究結果，你也可以說明一個理論或研究的過程，同樣可以達到說服的目的。

2. 有方法

前面的「有理據」是告訴人家應該要做什麼的陳述，而「有方法」就是給別人提供步驟、確實地解決問題，才能真正在行動上幫助到觀眾去解決在生活中的痛點，這也是一個讓觀眾對你產生信任的過程。

想想看，你為什麼會購買好葉的書來看呢？是不是因為在好葉 YouTube 影片裡，好葉總是給你提供很多詳細可執行的步驟，讓你真的可以去實踐解決問題呢？這本書也是一樣，就是在提供你方法來製作高價值的內容。

舉個例子來說，好葉有一個有關〈5 個提高自身魅力的實用技巧〉的影片，其中一點我是這樣說的：

　　要點一、顯示雙手：

　　我們的雙手就是我們的信任指標。來自今日心理學的研究指出，如果我們無法看到一個人的手掌，我們就很難相信一個人說的話。

　　在交談時，把雙手插進口袋、放在桌子下面，或是雙手交叉，都會降低別人對我們的信任程度。

　　善用你的雙手，當你表達意見，或是描述事情的時候，都盡量使用雙手來加強內容；而當你在聆聽的時候，就自然的展開你的雙掌，對方看見了會更願意的和你吐露心聲！

　　看到了嗎？在後半部的部分，我就是在提供可以實踐的方法給觀眾。觀眾看到了，馬上就能感受到我給他們提供的價值，更願意替我點讚分享影片了。

3. 有經驗

　　人類天生就是喜歡聽故事，而你的經驗就是一種故事。它來自你自身或是其他人過去的故事和經歷，這也是一種非常有說服力內容表現，可以讓觀眾更進一步的認識你，促進信任感的提升。

　　經驗也是你最容易解說的方式，因為你不需要過多的

編排和創意，只需要把你過去的真實經歷講述出來就可以了。比如說我有一個影片是主張「我們可以同時創造多元現金流」，所使用的經驗例子就是這樣說的：

　　以前的我做過各種不同的工作，其中一個工作更讓我印象深刻：那就是當裝修學徒。

　　當時從早上9點做到晚上7點，一直需要搬運40～50公斤的洋灰，經常做到手指破皮、手腳抽筋，非常辛苦。但是一天工資只有30馬幣（約200台幣）。

　　那時我並不是在用時間換取金錢，是用生命來換取金錢。

　　我一直在思考，這樣一天30馬幣的收入，什麼時候才能達到財富自由啊？簡直是天方夜譚。直到我發現了《現金流象限》這本書，開始了解了各種收入的模式，明白了增長財富的關鍵，就開始努力打造自己的被動收入。

　　大學時，我開始成為自僱人士，經常會辦活動販賣學生會用到的東西，像是筆記本、飲料、仙人掌、畢業花束等。

　　後來我發現了大學生在週末都想要出外遊玩，

車輛租賃的生意根本就供不應求，於是馬上借用了哥哥的名義，給自己貸款買了一輛最便宜的車來當生財工具。

這時候的我就算是一個企業家，這輛車就等於一個為我賺錢的系統，只要我把它租出去，我就在賺錢，根本就不用勞動到我的精神或體力。

汽車貸款每個月 380 馬幣，租車每個月的收入大約 1000 馬幣，還了貸款還給我帶來了 500 ～ 600 馬幣的收入。

我把賣東西和租車所賺的 20% 存起來，剩下的錢拿來投資穩健的藍籌股，每年的收益超過 10%。

讓我的錢替我賺錢，我是不是同時成為了投資者、自僱人士和企業家，賺取多元現金流呢？不管你是打工族、自僱人士還是學生，你都有機會賺到其他現金流領域的錢。

聽了以後，相信你可以感受到我的故事是極具說服力的。這是因為你可以只能夠選擇相信或是不相信我的故事而已，但你卻無法說我的觀點是對還是錯，這就是經驗分享的魔力。

重點回顧

這裡再為大家整理一下：在進入影片中間部分的時候，我們的要點內容要有說服力又或是可以給對方提供價值，這樣才能有效建立信任感，觀眾才會願意為你買單。

觀點 1

有理據，利用一些過往的案例、實驗，或是研究來佐證你的影片要點。用權威或是報告來進行說服，比起自賣自誇更有效果。

觀點 2

有方法，給觀眾提供步驟，提供實用解決方案，讓對方感受價值，願意替我們付出行動。

觀點 3

有經驗，人天生就是喜歡聽故事，而你的經驗就是一種故事。只要你的故事足夠真實，那麼它這是一種極具說服力，並且能夠拉近雙方距離的內容呈現。

這三種方式是可以穿插使用，或是在一個要點裡面把他們結合在一起，一樣可以創造出高價值並且極具說服力的影片。

結尾：真誠祝福，呼籲行動

在結尾的部分，通常我都會先做一個真誠祝福的動作，真誠地祝福讀者在觀看了影片之後可以得到某種啟發，或是可以行動到達目的。

這種方式可以把整個影片內容做出昇華的效果，讓看的人感受到作品非常完整，也同時給對方傳遞一種意猶未盡的訊息，讓他想要繼續觀看你的其他影片，或是採取行動購買你的產品。

一般我都會引用這三種方式來帶出祝福：For Me、For You、For Us.

1. For Me

「For Me」就是自己剛剛分享的這些概念、這些方法、這些故事，對自己帶來了什麼幫助？述說過去的經驗，讓別人從你的故事中感同身受、添增說服力。

比如有一支在解說 iKigai 的影片，結尾我就是這樣說的：

iKigai 曾經在我人生最迷茫的時候，給了我一盞明燈，給了我一個指引方向，發掘出自己在生活中

的價值所在。因此，今天和大家分享了以上內容，希望也可以對你有所啟發。

又或者是，在解說冥想時，在結尾我就可以這樣說：

冥想讓我從焦慮的生活中，得到了從所未有的平靜，讓我放下過去與未來，活在當下，相信它也可以為你帶來同樣的效果。

這短短的幾句 For Me 的陳述，就是用來加強整個影片說服力的方法，可以達到讓觀眾躍躍欲試的效果。

2. For You

剛剛「For Me」說的是自己的經驗，那麼「For You」就是你期望今天的分享，能給觀眾帶來什麼幫助。

這是一種真誠祝福，希望對方可以變得更好。這種方式可以讓對方感受到你的善意，繼而拉近彼此之間的距離。

比如我有支影片的主題是有關人際關係或是解讀人性的，結尾就可以這麼說：

有人的地方，就會有糾紛和問題。只要你學會

識別人群，開放應對並理解人性，相信你也可以在複雜的人際關係中活出自我。

再舉一個例子，在解說〈5 個提高自身魅力的實用技巧〉的影片，片尾我是這樣說的：

個人魅力並不是一個固定的特質，只要你持續運用成長型思維，並加以練習和實踐，相信很快的，你也可以成為一個魅力爆棚的小星星。

在使用「For You」時，有一個小技巧可以幫助大家更好運用，我都會利用「只要、相信你也可以」的語句來呈現，後面再接上你所提供的方法或是主張，最後以「相信你也可以達成某一個目的」作結尾，比如：

只要你學會八二法則，並在工作加以實踐，我相信，你就可以事半功倍，慢慢的打造出一個高效人生。

就是那麼簡單。只要使用你提供的方法，然後希望達

到某個目標，就組成了一個完美的收尾。

3. For Us

「For Us」說的是一種夢想，給大家帶來一種希望的方式。

你希望今天的分享，在未來能夠給大家帶來什麼樣的幫助？比如我在解說《窮爸爸富爸爸：修煉財商之道》的影片中就使用了這個方式。結尾我是這樣說的：

> 想要掌握金錢，我們就必須要學會這個金錢遊戲的運作。搞懂財商，像富爸爸一樣思考，讓金錢替你工作，我們才能創造更多的財富。

又或者是在好葉說書課的其中一本書《貧窮的本質》的結尾，我是這樣說的：

> 生在這個安定的社會裡，只要我們致力於改變窮人的思維模式，避開貧窮的陷阱，相信你我都可以遠離貧窮的困境。

這樣充滿願景的描述，會給對方一種希望、一種信

心,發揮鼓勵的作用,在看了你的影片後,會更加積極的面對生活,繼而衷心的對你心存感激。

無論是 For Me、For You 或 For Us 的方式,都能使觀眾感受到滿滿的希望和祝福跟相信你所說的一切,繼而願意採取行動。

在做了這個真誠祝福的動作之後,最後我們就可以大膽的呼籲行動了。在說了影片的開頭、要點,一直到結尾的昇華後,你已經足夠奉獻、給予價值,建立了足夠的好感後。

最後我們就可以來要求觀眾採取行動。無論你是想要讓對方訂閱你的頻道,購買你的產品,還是做出什麼改變,現在就是你的最佳時間。

若頻道剛起步,你可以先打造粉絲基礎,要求大家訂閱你的頻道和分享。比如我就會這樣說:謝謝大家的觀賞,如果你想要看到更多有關心理學的影片的話,就請你訂閱好葉的頻道,點讚和分享啟發更多的人。

又或者是你想要賣產品的話,就可以這樣說:趕快點這個網址,以獲取 50% 優惠折扣吧;又或者是如果你的公司需要這方面的服務,可以撥打 012 ～ 3456789 以獲取詳情哦!」等。

重點回顧

我們可以使用 For Me、For You 跟 For Us 來帶出祝福，昇華整體影片內容。

觀點 1

For Me 是影片主題給自己帶來了什麼樣的幫助或感觸，可以讓人感同身受，加強說服的陳述。

觀點 2

For You 是你期望今天的影片分享，能夠給觀眾帶來什麼樣的幫助。這是一種真誠祝福，希望對方能變得更好，讓觀眾感受到你的善意，拉近彼此之間的距離。

觀點 3

For Us 是一種夢想，未來的願景。能夠給觀眾帶來希望，感受到鼓勵，進而增加你的說服力。

觀點 4

在真誠祝福後，我們就可以呼籲行動，要求受眾去採取行動，不要浪費每一次片尾的機會。

只要你掌握了 For Me、For You 跟 For Us 的結尾技巧，對觀眾進行真誠祝福，然後再大膽呼籲行動，相信你很快地也可以成功吸粉，成為下一個百萬收入的網路創業者。

品牌故事行銷

　　「**笨拙的人講道理，聰明的人說故事。**」這是我在作者許榮哲的《故事課 1：3 分鐘說 18 萬個故事，打造影響力》書裡學到的道理。

　　記得有一次，我在長途駕車回家的路途中，在一個休息站短暫停留休息，一位年約 50 歲的中年男子，突然就和我閒聊起來。

　　聊著聊著，他就講起了他的遭遇：他目前正在打零工，孩子車禍進了醫院，每天需要騎著單車穿過一條長達 50 公里的高速公路，長途跋涉到醫院去照顧孩子。

　　他告訴我，很多時候都會遇到好心人給他錢加油和買點吃的，聽完他的遭遇後，我也不自覺的就掏出了 50 元遞到到他的手中，然後又繼續我的旅途。

　　看到嗎？這就是故事的力量，中年男子利用他的故事讓我掏了錢；而我利用了這個故事，讓你覺得我是一個慷慨解囊的人。

　　但事實上並不是這樣，從小我的家庭都很窮，所以我很少會去做捐錢施捨的事，也對這種捐錢詐騙非常的抗拒，看到路邊乞討的人，也很少會捐錢給他們；更何況那

時候我還在讀書，靠貸學金過活已經很拮据了。

　　但神奇的是，在那個當下，我竟然心甘情願的掏錢出來幫助那個中年男子，而且我還覺得非常值得，因為他讓我親身體驗到了故事行銷的威力。

　　如果他直接跑過來和我要錢，我肯定不會給；但他透過自身的故事成功影響了我這個吝嗇鬼，在沒有要求的情況下，讓我自己掏出了錢。

　　故事是人類歷史上最古老的影響力工具，也是最有說服力的溝通技巧。未來的廣告、行銷、遊戲，甚至更廣泛的職場和商業領域，都要求人人必須擅長說故事。

　　你能不能在三分鐘內打動面試官、合作夥伴、投資人或消費者，重點就在你是否可以說個好故事。無論從事哪一行，凡是需要與人溝通的職業，說故事都是一門核心技能。

給自己的品牌增添故事

如果你想要在網路創業，那就得時刻記得給你的品牌添加故事性，讓人印象深刻。

很多人好奇，為什麼我的頻道會取名叫作 Betterleaf 好葉？其實我只是突然就想到了這個名字。

但當然，我也不能就跟你說：「就突然想到的。」學會了故事行銷後，我就給自己的名字一個品牌故事，所以每當人家問起我的時候，我就會對他們說：

「好葉，顧名思義就是更好的葉子，而葉子是一棵大樹重要的營養器官。葉子就好像是我們的大腦、我們的思維，這整棵大樹就是我們的生命。好的葉子就會吸收好的養分，讓整棵大樹更加茁壯的成長。

同樣的，好葉想要用自己學到的、有用的好知識，啟發自己和更多的人，讓我們的生命往更好的方面發展，這就是好葉的意義！」

看到了嗎？這樣的解說馬上就讓你的品牌瞬間升級，而且還會讓對方印象深刻，**因為你激起了他的想像空間**。

每個人都有故事，每個人都有品牌

當然，也不是說一定要像我這樣用植物、動物來作為品牌的表象，就算是叫好樹、好貓、好人，還是用自己的名字，你一樣可以讓你的品牌充滿故事性。

名字只是一個表象，更重要的是這個名字背後的故事和意義，這才是牽動對方情緒，讓他們印象深刻的東西。

每個人都有自己的故事，所以每個人都有屬於自己獨一無二的品牌。經常分享自己開始頻道的初衷，這也就是你品牌故事的開始，只要你真心的分享自己的初衷、自己的故事，品牌就能水到渠成。比如我的故事是這樣的：

原本開創頻道只是為了想要累積經驗，用來證明自己是有能力去勝任網路行銷的；但隨著頻道的發展，得到了很多網友的正向反饋後，讓我感受到了自己的意義所在。

我想把自己學到、啟發自己的知識簡化，並以影片的方式記錄下來。在啟發更多人的同時，也一直提醒著自己。

名字不重要，重要的是背後的故事

我曾經看到一個非常成功的房產仲介自媒體，她的專頁名字非常普通，就用了自己名字，但她為何會選擇做房產的故事卻讓我印象深刻。她在一支推廣的影片是這麼說的：

> 我當時會選擇房產仲介業，是因為在 11 年前、當我還在念中學時，我和父母因為沒錢而住在一個廢棄的小工廠裡。
>
> 這個工廠非常老舊，連電源也沒有，晚上只能靠手電筒來照明，而且還會省著用，因為換電池要錢；每當下雨，屋頂一定會漏水，而且幾乎每個地方都會濕掉，我們全家只能躲進爸爸的上班用的卡車裡避雨。當時看到這些，我就發誓要給父母一個安樂窩。下雨天有瓦遮頭，吹大風有房間可以保暖，一個真正的避風港。
>
> 後來，在加入房產仲介後，我實現了自己的目標，給了父母一個真正的安樂窩，一個想要回來的「家」。
>
> 在過程中，我也幫助了許多想要給自己、另一

半又或者是身邊的親人一個安樂窩的人。他們的夢
想是我創建這個房產品牌的原因，希望幫助更多人
擁有屬於自己的安樂窩。

　　所以說，在經營頻道或是網路事業的時候，你可以經
常問問自己：「為什麼當初會想要開啟這個頻道？你想
要幫助的人是誰？是什麼原因讓你想要做這件事？」這
些問題，都可以激發你發想自己的品牌故事。

終身學習，你才能無限創作

　　無論做什麼事都好，在不同的階段，你都會遇到不同
的挑戰。

　　一開始經營 YouTube 頻道時，我所遇到的挑戰就是
頻道定位、影片產出以及怎樣吸引到自己的前一百位粉
絲等；接著我發現很多網路創作者最大的煩惱，就**在於**

無法持續的創作內容。

　　很多創作者做了幾支影片後，就覺得自己畢生的知識、經驗和專業已經用完了，沒有內容可以用來做影片了。但其實如果你想要成為一個創作者，**就必須秉持終身學習的理念。**

　　人生下來原本就是什麼都不會的，都是一步步學習、一步步經歷、一步步跌倒走過來的。但因為現代教育沉悶的教課方式，讓我們越來越對「學習」這件事失去了興趣，甚至在畢業就職後，「學習」這件事就很少會出現在我們的日常安排中。

　　很多創造者會陷入這種「知識用完了」的迷思，其實只要你願意秉持「終身學習」的理念和生活方式，腦袋自然就會源源不絕蹦出靈感和內容。

　　我個人就喜歡「以書為師」。我始終認為，**讀書一定是一個人最佳的投資**，只需要花你很少的錢，就可以學到作者畢生的經歷，是一種低風險、高回報的投資。

　　讀書給我帶來的回報，不僅僅是思維上的提升，它同時讓我有了更多內容創作的靈感。

　　我頻道裡 90% 的內容，可以說都是從書裡學來的。我把自己學到的、啟發到自己的知識或概念，用影片的

方式記錄下來，啟發別人的同時，也可以一直提醒自己。

　　但讀書對很多人來說有一個痛點，那就是需要花費你非常多的時間和精力。

　　對於一個普通人來說，讀完一本書可能要耗上好幾個小時，更不要說沒有閱讀習慣的人，讓他坐下來讀一個小時的書，就等於要了他們的命一樣。

　　那如果你有看書困難症的話，也可以選擇培訓課程，又或者是教練輔導的方式，一樣可以讓我們達到學習提升的目的。

　　很多人對創作者都會有一個誤解，認為他們就是天生有創意，天生擅長寫作，不過這種藝術特質是可遇不可求的。

　　如果我們更深層的思考一下，就可以發現創意就是兩個、或是多個原始點子的結合，所蹦發出來的新點子。

　　人一出生就是一張空白的紙，你給他寫上一個「1」，再給他寫上一個「3」，如果他把 1 和 3 字結合起來，是不是就可以變成一個「B」呢？這就是創意。

$$1+3=B$$

　　只要多閱讀、多學習，你的腦中就會擁有越多的點子，能夠被拿來做連接、結合的可能性就越大。

　　持續創作和終身學習的關係是無法分開的，如果你只學了「1」，而不學「2、3、4、5……」的話，那麼我們就只能創作出「1」字而已，更不用說要怎樣做結合。

最高效學習方式

　　你知道了終身學習的重要性，也知道了這樣做可以達到成長和持續創作，那怎樣才能有效的學習，並且把學到的分享給大家呢？

　　在此就來和大家揭曉最高效的學習方式：**費曼學習法**。

　　就是這個方法，讓我擁有了源源不絕的內容來源，同時也能夠把複雜的知識簡化，傳達給大家。

　　在魯爾夫・杜柏里的《思考的藝術》裡講了一個故事：

　　馬克斯・普朗克（Max Planck）在 1918 年榮獲諾貝爾物理學獎，之後他就在全德國巡迴報告。

不管被邀請到哪裡，他都會對新的量子力學演講一番，他的司機也漸漸對他的報告爛熟於心。

　　於是司機就告訴他：「普朗克教授，老做同樣的報告，你一定覺得無聊。我建議在慕尼黑做巡迴報告的時候，由我代你作報告，你坐最前排，戴上我的司機帽。讓我們換一換花樣。」

　　普朗克聽了興致盎然，欣然同意。於是司機就為一群專家級聽眾做了一番有關量子力學的長篇報告。講得有模有樣，同樣獲得了大家的掌聲！之後，有一位物理學教授舉手提問。

　　司機發現自己快穿幫了，於是靈機一動，馬上回答說：「我真沒想到，在慕尼黑這樣先進的城市裡，還會有人提出這麼簡單的問題。那我就請我的司機來回答這個問題吧。」

　　由於「司機」原本就是普朗克，自然而然的就可以精準解答。

　　故事中的司機因為一遍又一遍的傾聽普朗克的演講，從而使自己可以代替普朗克上台，但區別在於司機的知識只是一種表演、一種模仿，就像鏡子裡的鮮花，

雖然有鮮花的嬌艷，卻缺少鮮花的芳香，並不能讓自己去解決實際的問題，因此當有人提出專業性的問題時，司機只能讓真正的普朗克來解答。

在書中作者寫道，知識有兩種：**一種是深知識，來自那些深入了解和思考以獲得知識的，他就像是普朗克；而另一種就是表面知識，來自於淺白的了解和模仿，就像是司機。**

那要學好一門知識最好的方式，就是應用批評性的思考和深入的學習。也就是費曼學習法（Feynman Technique），一共有四個步驟：

第一步
學一樣新東西。

↓

第二步
用盡可能簡單的語言解釋給小孩子，
或是對相關課題不了解的門外漢聽。

↓

第三步
找出別人聽不懂的地方，
或者是你本身無法簡單解釋的概念。

↓

第四步
回到你的資源，重新學習你的弱點，
一直到能夠簡單的清楚解釋為止。

諾貝爾物理學獎得主
理查德・費曼

在費曼學習法有兩個原則，**簡單和準確**。

你能不能向一個 5 歲小孩解釋你學到的概念？試著用比喻來解釋，創造比喻可以讓你快速內化學到的東西，強迫你去達到別人的理解水準，讓你聯繫和引用他們熟悉的事物來教導他們。

舉個例子來說，我想要告訴你什麼是藍海策略，如果直接告訴你藍海策略就是：「不以價格策略來競爭，而是在大市場中找到需求沒被滿足的小市場，然後以差異化的優勢來開創這一片市場。」

這樣的解釋，對於沒有學過行銷的人，或是商業的門外漢來說，就會感到非常深奧、完全聽不懂。只要聽不懂，他就用不到，而用不到，自然就會覺得你的作品沒有提供他任何價值。

因此，在前面我為大家介紹藍海策略時，就特地用了漁夫的故事來演示 YouTube 行業的現況。

這樣的例子可以讓每個人都學到什麼是藍海策略，更可以知道自己應該要怎樣來應用它，因為他明白，並且領悟到了這個概念。

這就是費曼學習法的魔力，他讓你真正了解你學到的東西，讓你更有說服力，更加強了你的教導技能，增加

你獨立思考的能力，讓你可以更容易的做出明智的決定；與此同時，你也可以更容易地把學到的知識應用在現實生活中。

費曼學習法的靈感源自於諾貝爾物理學獎得主理查·費曼（Richard Feynman），曾經有人看過他名為《我不知道的事》的期刊，他透過不斷挑戰自己本身了解的事，造就他成為一個天才科學家。

我希望你也可以多運用費曼學習法來學習。試試看跟朋友或另一半聊天時，和他解釋最近學到的知識。相信我，多練習幾次，你就會發現自己很快就會精通了一種全新的知識。

重點回顧

觀點 1

以利他之心，創造高價值內容：

- 開頭：先營造共鳴，利用痛點、亮點給人一個往下看的理由。
- 要點：有理據、有方法、有經驗，提升說服力，才能捕獲人心。
- 結尾：真誠祝福，呼籲行動，使用 For Me、For You 和 For Us 來帶出祝福，昇華整體內容。

觀點 2

笨拙的人講道理，聰明的人說故事，利用你的自身故事，就能塑造品牌形象。

觀點 3

終身學習，才能無限創作。利用費曼學習法，快速掌握新知識。

6・如何不輕易放棄創業？

資源有限，創意無限

　　想做自媒體的人，很多時候還沒開始就已經放棄了。他們會覺得自己沒有器材，影片拍出來畫面不清晰，或是有不會剪輯、聲音不好聽、覺得自己長得不好看等問題。

　　但我告訴你，這一切都不是問題，**關鍵就在於你有多想要去做這件事**。只要你有足夠的決心，你肯定會找到方法來解決這一切。

　　我始終相信，網際網路時代是一個人人有機會的時代。我在大學開始創立頻道時，也是從零資源開始的。

　　不會剪輯，就上網學；不會寫文案，就上網學；不會設計，就上網學。就像我現在在寫這本書的時候，也是

在上網買了一個寫書的課程，學了基本概念後才開始下筆的。

　　現在的時代，只要你有一支手機，你就可以是一個自媒體了。

　　記得在剛開始製作影片的時候，我連一支像樣一點的麥克風都沒有，因為我買不起，需要把錢存下來還汽車貸款，以及用於畢業工作後的生活儲備金，於是就用了耳道式耳機的內置麥克風來錄音。

　　但這樣會出現非常多的電波聲和噪音，於是我便去學習怎麼剪輯聲音，用軟體把這些噪音消除掉。

　　噪音的問題解決了，又發現當時宿舍裡的回音太大了，影響到聲音質量，非常不好聽，但吸音棉很貴，又沒錢買，我便堆滿兩疊衣服，放在筆電的左右兩側，馬上就變成了一個 DIY 小型錄音座。

影片剪輯、動畫、錄音、封面設計都解決了，馬上又遇到了另一個阻礙——我的家沒有 WiFi ！

在製作了幾個影片後，我由於大學開始放假而搬回家裡住，但家人都沒有經常上網的習慣，所以家裡也就沒有安裝網路，我只好用手機來上網找資料、上傳影片、po 文等。

那時馬來西亞的網路還沒有很發達，手機是沒有「吃到飽」的，購買 1GB 就要 38 馬幣（約 260 台幣），而一支 5 分鐘的影片就超過 1GB 了！這就等於我上傳一支影片就要花至少 38 馬幣，而且還不包括上網找資料，可說是還沒賺錢就開始虧錢了！

最低可以接受的質量，省下 10 倍成本

沒有 WiFi 怎麼辦？一開始我跑去朋友家蹭 WiFi，做好影片後去那邊上傳，但連續兩天後我就不好意思了，弄慢了他家的網速，他家人每天看到外人來也不是很舒服。

結果還是那句：「資源有限，創意無限。」我把影片畫質壓縮到最低可以接受的程度，原本一支 1GB 的影

片，在壓縮後只剩下 100MB，少了將近 10 倍的量。

　　當然，這是我嘗試很多次後，認為最低可接受的影片質量，再低就會感覺畫質和音質太差了。我就這樣省下了 10 倍的錢，也完全解決了影片生產的問題。

　　在我的 YouTube 頻道上的前三十支影片，就是用了剛剛和大家提到的，用耳機的麥來錄音、DIY 錄音座、壓縮影片上傳等方法製作而成的。但如果你現在回去看看這些初期影片，可能也不會察覺到感官體驗上的不足。

　　告訴大家這些是想讓你知道，想要做一件事情，就看你有多大的決心。多探索，多思考，你總會找到方法解決一切阻礙的。

你以為的缺點，可能是別人眼中的優點

　　我初期的幾個影片中，聲音都是經過處理的，聽起來非常的宏厚，這是因為當時我對自己的聲音非常沒有自信，覺得很難聽。直到有一次，一個我暗戀的大學同學跑來問我：

「為什麼你要改掉自己的聲音？」

「因為我覺得自己的聲音不是很好聽……」

「不會啊，我覺得你的聲音很好聽！」

「什麼？」

「我說，你的聲音很好聽！」她再次大聲的強調。

　　就是她的一句「你的聲音很好聽！」讓我勇敢的做自己，不再修改自己的聲音來製作影片，我也慢慢的開始接受了自己的聲音。

　　後來我發現，我的一些影片製作課程的學生也有類似的經驗，會說自己的聲音不好聽，問我要怎樣改掉。但當我打開他的影片來看，覺得還蠻不錯的，聽起來都很舒服。

　　所以說，每個人的喜好都不一樣，不要一直否定自己，學會接受自己，慢慢的你就會發現，其實很多你原本以為的缺點，反而是你的一種優勢。

給自己一個明確的目標，更容易成功

　　從前有個三兄弟，他們在沙漠中迷路了，走了一整天還找不到回家的路，又累又渴。突然間，大哥腳一絆，原來他踢到一個古老的油燈，想起老哏的神話故事，他立刻搓了搓燈，突然間，身高好幾公尺的巨人燈神出現在他們的面前。

　　「我的主人呀！感謝你們讓我出來透透氣，我將給你們實現三個願望！一人可以許下一個願望。」燈神說。

　　大哥馬上就說：我要帶著很多很多的錢回家！燈神吹了一口氣，大哥馬上就給變回到家了，身邊冒出了成堆金銀珠寶。

　　老二看到驚呆了，趕忙就給自己許下了願望：我要帶著很多的美女回家！

　　剎那間，老二同樣的也給變回去了，同時身邊也冒出了一大群名模等級的美女服侍著他。

　　個性膽小的老三看到了心中暗忖：「怎麼辦，大哥、二哥都回去了，就只剩下我一個了，我好害

怕，不知道要許什麼願望，我有什麼事都會先問過他們的。」

於是，他緩緩說道：「我……我……我的願望是，我不知道自己要什麼，我想要先問問看大哥和二哥……」

燈神皺皺眉說道：「年輕人……你確定嗎？」

老三緩緩的說：「嗯，對……對……」

這時候，燈神吹了一口氣，剎那間老大和老二同時都變回來了。到最後，燈神走了，三兄弟依然還留在這片這片一望無際的沙漠裡，活生生渴死了。

如果你的人生沒有目標，不知道自己要做什麼，想要成為怎樣的人，到最後你也會像故事中的老三一樣，不只害了自己，還會連累你身邊的人。

一艘沒有航行目標的船，任何方向的風都是逆風，它只是一塊在大海裡的木頭，隨波逐流，永遠抵達不了目的地，因為根本不知道自己要去哪裡。

一個知道自己要去哪裡的人，永遠不會迷失

哈佛大學有一個關於目標對人生影響的調查，對象是一群智力、學歷、環境等條件都差不多的年輕人，調查結果發現：

> 27% 的人，沒有目標
>
> 60% 的人，目標模糊
>
> 10% 的人，有清晰但比較短期的目標
>
> 3% 的人，有清晰且長期的目標

25 年的追蹤研究結果下來，他們的生活狀況及分布現象十分有意思。

・3% 的人在 25 年來幾乎都不曾更改過自己的人生目標，多年來都朝著同一個方向不懈地努力。25 年後，他們幾乎都成了社會各界的頂尖成功人士，當中不乏白

手創業者、行業菁英、社會菁英。

‧10%的人大都生活在社會的中上層。他們的共同特點是不斷達成短期目標，生活狀態穩步上升，成為各行各業的不可或缺的專業人士，如醫生、律師、工程師、高級主管等。

‧60%的人幾乎都生活在社會的中下層，他們能安穩地生活與工作，但都沒有什麼特別的成就。

‧最後的27%幾乎都生活在社會的最底層，生活都過得很不如意，常常失業，都需要靠社會來救濟他們，並且常常都在抱怨他人，抱怨社會，抱怨這個世界。

　　從這個研究中，我們可以看到目標對人生巨大的引導性作用。**成功，在一開始僅僅是自己的一個選擇。你選擇什麼樣的目標，就會有什麼樣的成就，實現什麼樣的人生。**一個知道自己要去哪裡的人，永遠不會迷失。

　　無論你的目標是什麼都好，一定要有一個欲望，有一件自己目前想要達成的事。無論是多麼微小都好，像是考取好成績、賺更多的錢、交女朋友等，這些都是可以成為你的一個小目標，讓你知道自己下一步應該要做什麼，而不會害人害己。

　　所以在我剛開始成立頻道的時候，其實就給自己定了一個目標：「一年內達到 10 萬訂閱人數。」到底我哪來那麼大的自信，頻道才成立就設那麼高的目標啊？

　　其實我會設定這個目標，是因為我有了一個目標對象。還記得前面提到，啟發我踏上 YouTuber 之旅的 Practical Psychology 頻道嗎？當時的我就是以他為目標對象，我發現到他的頻道從 0 ～ 100 萬訂閱就用了 1 年的時間。考慮到中文市場不比國際英文市場大，所以我就給自己定了小他 10 倍的目標。一年達到 10 萬訂閱就好，不過分啊，非常的合理。

飛不到火星，至少也能遇見在月球上的嫦娥

有一句名言是這樣說的：

「目標設得與月亮一樣高、一樣遠，那麼就算你打偏了，也會落在繁星之中。」——萊斯・布朗

運用了前面剛剛和提到的方法，在頻道經營了 10 個月後，我就成功達標了。沒有落在繁星之中，反而還達到了火星。

第二年的訂閱人數就來到了 20 萬，接著第三年達到了 50 萬，第四年正在邁向 100 萬訂閱前進。

可能你會感到不可思議，怎麼可能設了一個目標，就真的能夢想成真？當然不是，我設定目標的目的，是為了讓自己清楚知道有一件需要專注去做的事，不讓自己跑偏了，戒掉做事五分鐘熱度的心態。

有個目標，就像是給了在大海漂泊中的自己一盞明燈，知道自己要不斷的朝向這個大目標划去，而忽略那些眼前的其他誘惑。

團結你腦海的小船員，船才開得動

我們的大腦就像是載滿船員的一艘船，船上的每一個人都想要去一個不同的地方。

人就是這樣，從來不會想要只做一件事，總想要一次做完全部的事情。想要運動的同時又想要學英語，同時又想要出去找朋友吃頓飯。

我們的欲望是無限的，在大腦裡的每一個念頭，都在推動著這艘船駛往每一個自私的方向。

但到最後，這艘船哪裡也去不了，因為船上的每一個人都在向著不同的方向划動。我想要成為一名作家，我想要創業，我想要換一份新工作，我想要減肥，我想要養一隻貓⋯⋯最終的結果就是隨著大海漂流，也就是隨波逐流。

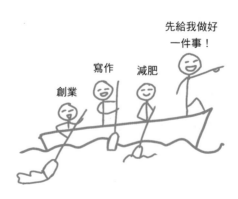

這就是大部分人的人生，總想要在一個時間完成每一件事，然而這只會導致大腦感到無比的衝突，因為這些想法在你要做每項決定的時候，總會困擾著你、讓你不能快速做決定，最後導致自己錯過了許多機會。

目標，就是給自己的承諾

設定一個目標，是為了讓自己專心一致的一個手段。

當你對自己做出承諾要完成某件事的時候，直到這件事情完成為止，你就不再有自由去做其他事。

因此，當我以 10 萬訂閱的目標為導向、下定決心要把 YouTube 頻道給經營好，我就不會貪心地想著去搞個什麼活動、進行旅居生活或是創業等。

很多人做事 3 分鐘熱度不是因為他們懶惰，而是因為網際網路時代的誘惑太多了。

今天你看到一個人做 YouTuber 很成功，很多人喜歡，你想要做；明天你看到另一個人做電商，一部筆電、按幾個按鈕就月入上萬美元，很自由，你想要做；後天你又看到別人當線上講師，諮詢一個人就收 1000 美元，很好賺，你想要做……

每一個社交媒體上的成功案例都不斷的在分散你的注意力，吸引你朝著不同的方向前進，我們也就很容易就會分心，這邊做一點、那邊做一點，結果當然就是一事無成。

我在大學時也經常會觀察到這種現象。有些同學一口氣就參加了 3 個活動籌備，再加入 2 個社團，每當有朋友邀約，他也從來不拒絕，總想要讓自己大學的生活多姿多彩，但結果往往就是兩頭不到岸。

因為忙碌的他總是遲到，或是無法給予團隊高度的配合，每個社團的成員都不喜歡他，學業成績更是一團糟。他竟然還跟我抱怨一天只能睡幾個小時、時間不夠用，我只能回應他說：這是你自找的。

我們要尊重自己的每一個承諾，決定了要做的事情和期限，就要全心全意的去完成。這樣承諾自然也會尊重回自己，給予你 100 分的專注力和動力去完成這件事。當這件事完成了以後，再去承諾下一件事。

吃著碗裡，就不要望著碗外

YouTube 是我在大學最後一年的時候開始的，決定全

心力投入後，我放棄掉了許多機會。

比如原本也想搞個大型晚宴活動，靠賣入門票和周邊產品大賺一筆，當時人手、場地、關係、計畫都準備好了，而且學弟學妹都滿懷期待的等著我發號施令，把活動搞起來、完美的結束大學生活，但因為好葉頻道的承諾，我選擇了退出這個活動的籌備。

而後，一個很要好的朋友邀請我和他一起創業、搞一個電商平台，我也拒絕了，因為我發現，當時好葉頻道才是我真正想做好的事。

這個原則，讓我把影片做好，持續固定每一個星期都生產兩支影片。頻道可以快速的從 0 成長到 10 萬，很大程度都歸功於我的這個做事原則。

如果你想要你的驅動力緊跟著你的夢想，你就必須對其他的選項說不。**先團結你的船員，把船開到原本承諾好的目的地後，再出發去另一個地點也不遲。**

你的行動，需要配得起你的夢想

有目標只給了我們方向，讓我們知道要朝向目標前進的意義，讓我們不會中途迷失，隨波逐流，但更重要的

是你的行動。

只有非凡的行動，才會帶來非凡的結果。當我知道我的目標是 1 年內突破 10 萬訂閱的時候，我不只給自己設下了承諾要把這件事情給做好，同時也讓我知道了實現目標需要付出的行動：頻道剛成立的時候，我就告訴自己一週至少要上傳一支影片。

當時是在大學的最後一年，課業沒有像剛入學時那麼繁忙，所以一週製作 2 支影片基本上是沒有什麼問題的。但是後來應校方要求，需要到業界去實習的時候，由於實習工作非常累，工作一整天都沒有什麼精力了，讓我差點放棄製作影片。

但當時我始終告訴自己：「你的行動，需要配得起你的夢想。只有非凡的行動，才會帶來非凡的結果。」

於是實習期間，我每天早上 7 點起床，梳洗完吃了早餐後，8 點開車出發到公司上班；然後工作一整天，6 點下班，再塞了一個小時的車回到家，簡直累垮；再洗個澡吃個晚餐，就已經是晚上 8、9 點了。

雖說距離晚上 12 點，上床時間還有三個小時可以讓我製作影片。但是一整天下來都已經很累了，意志力一點都不剩，精神也很難集中，內容寫得亂糟糟的，影片

也製作不出來。

　　於是我又馬上開始做調整。因為我意識到，這就是平凡人所過的平凡的一天，不會給我帶來非凡的結果。

　　那什麼是非凡的行動呢？我把起床的時間從 7 點調到了 5 點。當室友都在睡覺的時候，我就摸黑起床努力。

　　早晨的精神狀態比較好，所以我從 5 點到 7 點的時候就會開始進行寫作，又或者是製作動畫影片。

　　這些創意性的工作，需要高度的專注力才會更好的完成；然後 7 點到家後，我就會開始進行錄音、上字幕，又或是發布影片的工作，因為這些工作都不大需要用腦就可以完成了。

　　同時，我上班時也會悄悄的給自己的影片寫稿（當然，前提是我已經完成了老闆交代的工作）。雖說這樣做讓我放棄了在公司裡獲取非凡表現的機會，我不能在完成工作本分之後，再向老闆要求更多的工作，為公司創造更多的價值，成為一個非凡的員工，但這是我的選擇。

　　我已經選擇了當一個非凡的 YouTuber，那只好放棄了成為一個非凡的員工。

　　每天早上 5 點起床對我來說非常的痛苦，但我知道，這才是非凡的人會做的非凡事。就因為這個行為，讓我

在六個月的實習期間，也從來沒有間斷過每週上傳一支影片的堅持。

這也就是企業家精神，完全遵循八二法則。你能夠當付出非凡行動的 20% 非凡人，才能獲取 80% 平凡人所得不到的結果。

努力不一定會成功，但是不努力連成功的條件都沒有。而努力就在於的定義，你有沒有付出非凡人會付出的行動。

成功蛻變的人，都因為這 3 個關鍵！
一個故事教你實現自我改變

創業者的時間管理術

無論你是自己當老闆創業，又或者是一個自由工作者，時間管理往往都是一個非常重要的課題。

由於自由度非常高，我們難免會陷入拖延、沒時間休息、因為無法分清工作和生活的界限而感到壓力的問題。因此，在這節我就透過三個好用的時間管理工具，來和大家分享自己對於工作效率的體會。

第一、321 法則

在生活上，每個人都想要得到更多，賺到更多的錢、住更大的房子、開更好的車、過著更加成功的人生……而達到這些目標的關鍵，就是讓自己有更高的生產率，產出更多的結果。

但很多時候我們就喜歡對自己說：「這封郵件先打顆星，之後再回吧。」「改天再約吃飯吧。」「這本書改天再看吧。」又或者「這個影片先收藏，改天再來看。」等，這些心態，就是拖延症的開始。

我自己在製作影片的時候，也難免會有這樣的情況出現：「有廠商發郵件尋求和合作，先打個星，有空再看。（但什麼時候才有空呢？）」

「想要推出一個關於目標設定的課程，需要規畫一下，還是等學到更多的知識才來做吧。（但什麼時候才算是足夠知識呢？）」

「有好幾個稿件需要錄音，可能需要 2 ～ 3 小時才能完成，今天有點累了，明天再做。（結果明天又明天……）」

這樣的拖延下去，越來越多未完成的事一直跟隨著我的思緒，讓我感到壓力越來越大，大腦也越來越漲，無

論做什麼事都不能集中精神。

　　結果待處理的事項就更積更多，沉重的壓力更是加劇了拖延的心態。

　　為了改變這樣的惡性循環，我找到一個非常有效的方法：321 法則。

　　只要想到一件還未完成的事，我馬上就會在心中倒數「3、2、1，馬上行動」。

　　想到邀約和會計師洽談，告訴自己：3、2、1，馬上去安排！

　　回家看到垃圾滿了，在想著要現在丟掉還是之後再做，告訴自己：3、2、1，馬上去做！

　　在想著要為自己的生意做一個網站，告訴自己：3、2、1，馬上去做！

　　像這樣遇到什麼事，都告訴自己：3、2、1，馬上去做，只要你不斷重複的這樣告訴自己，這種積極想法就會打入潛意識裡。

　　當你一再告訴自己，不管是大事小事都要馬上行動的話，漸漸的，這個快速決策的習慣就會形成。

　　這個習慣就是讓我高效產出的祕訣，因為馬上行動完了任務，會讓我們感到釋懷。

壓力沒了，效率自然就變高，還給我們帶來了完成一件事情的滿足感和自信心，讓我們更有動力去接受更多的挑戰。

當時我就為這個方法做了一支影片，名為〈5 個戒掉拖延症的方法〉，結果有個粉絲因為學到了這個習慣，竟然成功在一個月內，透過運動減重了 10 公斤！

本來每天睡到中午才起床的他，竟然養成了早上 7 點起床的好習慣；更讓我感到意外的是，他活用了「321 法則」來領導團隊，結果讓團隊的執行力大爆炸，讓公司在 2 個月後就把銷售額提升到了 200%。

和這位粉絲見面後，我才發現這招的威力是那麼強大。這位粉絲更是一直想要答謝我，聘請我當他的教練，但當時我想要堅持專注創作，結果就拒絕了。

5 個戒掉拖延症的方法 | 高效人生

第二、帕金森定律

　　1958 年，英國歷學家諾斯古德‧帕金森（Cyril Northcote Parkinson）在多年的研究後發現，一個人做一件事，所消耗的時間差別如此巨大。

　　他可以在 10 分鐘內看完一份報紙，也可以看半天；一個忙人 20 分鐘可以寄出一疊明信片，但一個無所事事的老太太為了給遠方的外甥女寄張明信片，可以足足花上一整天：找明信片一個鐘頭，尋眼鏡一個鐘頭，查地址半個鐘頭，寫問候的話一個鐘頭又 15 分鐘……

　　在我們的現實生活當中也是一樣，**工作會自動膨脹，占滿一個人所有可用的時間**。如果時間充裕，我們就會放慢工作節奏，或是增添其他項目以便用掉所有的時間。

　　帕金森定律解釋了我們對拖延事項完成的傾向。當你知道自己還有一整天來完成這件事的時候，無論這件事多麼容易，你都會拖到最後一秒鐘才來完成；但如果我們把一項任務設定必須在早上 11 點前完成，那麼我們就會感受到壓力，並限制這項任務的拖延時間，最多只能拖到

11 點之前就必須完成。

　　當然，帕金森定律只能運用在合理的任務數量以及時間限制。雖然它不會改變任務所需要花費的時間，但卻可以改變我們去做這個任務的態度。

　　當你在設定目標的時候，時刻記住帕金森定律。**如果你沒有給自己的目標設定期限，或是給自己太多時間來達成它，你就不能將自身的效率最大化了。**

　　給自己一些時間限制，你會發現自己其實是多麼的高效。就像好葉我，每當我知道自己要出遊一、兩週時，就會把製作影片的期限推前。原本需要 4 天的 YouTube 影片，我要求自己 2 天就要完成一支。結果每次在要出發去旅行之前，我都可以順利的完成任務。

　　在讀大學時也是一樣，很多功課我也是用了這招。

　　教授給了我們一個月的時間來完成一項功課，但因為我要處理其他生意，所以我都會限制自己用一個星期來完成。

　　這個技能讓我在大學時期騰出了許多時間來做其他事，比如管理社團、賣麵、賣書、賣花、租車等。大學功課需要花的時間和精力其實不多，課業繁忙只是大學生把功課拖到最後一秒鐘來做的藉口。

很多事情無法完成，是因為你沒有給自己設下期限，又或者期限太長，才導致了拖延症。

現在起就檢視自己目前的任務期限，試試看把它們減半。給自己一個更緊迫的期限，你會對自己完成事項的效率感到驚訝。

第三、巴菲特的二分法

很多人都知道巴菲特是股神，是這世紀最頂尖的投資者；但大多數人不知道他的管理法則，以及實現目標的哲學也都是世界頂級，值得我們去學習的。

這故事要從巴菲特的私人飛機師邁克‧弗林特（Mike Flint）說起。做為巴菲特的私人機師已經有10年的邁克，想當然跟巴菲特非常熟悉。

有一天，對於財務和個人發展方面非常的迷茫的麥克，詢問了巴菲特一些人生建議，想要知道巴菲特的成功祕訣，巴菲特也非常慷慨解囊，於是告訴他：「現在拿起你的紙和筆，列出 25 件你想要完成的事，無論是財富、個人成就，還是愛情或家庭，任何你想要完成的事都可以。」

麥克馬上就照著做，接著巴菲特要他在這 25 件

事裡，圈出 5 個對他來說最緊急、並且最重要的事。接著把這 5 件最重要的事抽出來，放在列表 A，剩下的 20 個就放在列表 B 裡。

接著巴菲特再問麥克：「現在有了 A 跟 B 這兩個列表，所以接下來你會怎麼做？」

麥克回答是：「我會專注的去做這 5 件重要的事，然後空檔時再來做剩下的 20 件事。」

這聽起來沒問題，非常的合理，然而巴菲特卻說：「NO，你現在要做的事就是，割掉每一個你沒有圈出來的事，也就是說，不管在什麼情況下都不要去做列表 B 裡的事。因為那些事只會分散你的注意力，讓你無法專注去完成列表 A 裡這 5 件對你來說最重要的事！」

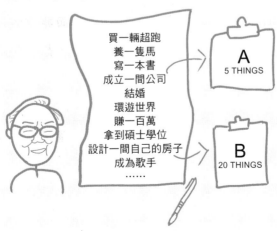

如果你試著完成每一件事，你就會連一件事也完成不了；而花時間在你的次要任務上，就是導致你無法完成這5件最重要任務的原因。

從現在起，排除沒有必要的瑣碎事，強迫自己去專注。要做一項任務，就要去完成它，不然就不要做。

巴菲特的二分法也可以套用在我們的日常生活中。在此就和大家分享好葉一個提高工作效率小祕密：在好葉的工作室裡有一個小白板，這個白板只會寫上5件今天要完成的事，而這5件任務必須跟著重要性依序排列。

一天精力、意志力最旺盛的時間就是剛睡醒的時候，所以重要的事情優先做；然後到了晚上入眠之前，檢視你

的任務清單，完成的任務打勾勾，可以增加滿足感，接著馬上再計畫第二天必須完成的 5 件任務。

只要有了計畫好的這 5 件小任務，我們的大腦就會啟動執行模式，讓你能專心一致的去完成它。

但要是有任務今天執行不到，無法完成怎麼辦？很簡單，你只要把它推移到第二天的清單上並置頂，繼續執行到完成為止。

切記，無論如何都不要超過 5 個事項，因為越多的任務只會讓你更心煩，分散你的注意力，讓你無法專注完成每一項任務。

每天晚上更新任務清單，第二天不用腦，全力執行即可。這樣做可以保證你的工作效率暴增，並讓你的日常生活充滿目標、充滿意義。

被很多人討厭？這是好事！

無論是在人生的哪個階段，我們難免會遇到許多挫折。經營 YouTube 頻道也是一樣，黑粉、焦慮、心生疲憊等，在所難免。

就讓我們先來說說黑粉這件事吧，難免會有不喜歡你

的人批評你、抨擊你，甚至打擊你。但你要明白，當你做的事越是有意義，身邊就會有越多的人討厭你！

比如當你在減肥，卻聽到人家說：「減什麼減，能吃是福，你應該對自己的身材感到滿意，自信一點！」或是到非洲做義工，救濟當地的小孩，也會有人說：「你是不是應該先救救自己的國家啊？」

做 YouTube 分享知識也是一樣，肯定有人會說：「你別傻啦，沒有人要看的，不要浪費時間了。」

不管做什麼事，總是會有人潑你冷水，總是會有人不喜歡你做這件事。但我可以告訴你：有人討厭你，可能也是一件好事哦！

做大事的人，是不會在乎別人怎樣看自己的

世界上還有很多事比別人的看法更加重要。

一個人會成功，其中一個原因就是他們根本就不在乎別人是不是討厭他。

然而，我們人一生下來就是喜歡做好人，因為做一個好人很安全。我們可以維持現狀、多在乎別人的感受，這聽起來似乎很美好，但因為不想有人不喜歡他，所以

做的事都依照其他人的意願來，這真的是件好事嗎？

假設你是個賣魚的攤販，你看到網路龐大的市場，覺得處處都是商機，於是想要改變你的商業模式，轉做網路魚店。但你的家人一聽就反對，覺得不切實際，又不是賣衣服賣玩具，魚的包裝和運送會很麻煩的，為什麼不安安穩穩的在路邊攤賣魚就好，學什麼人家搞網路店鋪？你原本的顧客也不支持你，因為這樣他們去市場就買不到你的魚了。

面對這樣的反對聲浪，你還會想要改變嗎？

三言兩語，讓你錯失良機

因為不想被別人討厭，也感到不舒服，你就放棄了執行這個 idea。

結果幾年後，上班的年輕一族都選擇不去市集，而是在網路上買魚；原本會去市場的顧客也因為家裡的孩子都在網路上購買，都不去市場了；你的競爭對手也因為一早轉型而搶占了大部分的市場。

如果這時候，你的家人跑過來告訴你，不如試試看做網路店鋪吧？你會有什麼樣的感覺呢？

總是迎合別人的意見，是成就不了大事的。無法做出重大改變決定的領導人不懂領導；不會惹人討厭的明星，也不會惹人喜歡！

當然，並不是你一定要惹人討厭才會成功，而是如果你每次都想去迎合每個人的意願的話，這會是導致你失敗的因素。

很多人討厭美國總統川普對嗎？為甚麼大家會討厭他？因為他做的事情太重要了，他的每一個決定都會影響著美國的子民，甚至全球的經濟。

但有沒有人喜歡他？肯定有更多，不然為什麼美國人民會投選他成為美國總統？

就好像 Google、Apple、Facebook 一樣，有些人可能會討厭 iPhone，因為又貴又多限制，使用起來非常不方便，想下載一首歌都要給錢；但也有人喜歡它的防護系統做得夠嚴禁，設計更簡約。

要討好每一個人，你只能碌碌無為

越多人討厭你，就證明你做的事情越重要，影響到的人就越多。

好葉也是一樣，頻道一開始是沒有什麼酸民的，當我越做越大的時候，就發現了這個現象：粉絲增加的同時，酸民也跟著增加。

這時候我就知道我做對了，我在做一件很重要的事，影響著非常多的人。這些反對的聲浪更加促使我繼續，製作更多有啟發性的內容！

不讓人討厭你的唯一方法，就是做一些完全不重要的事，因為根本就沒有人會在乎。

別人的情緒、別人怎麼想並不重要。重要的是，你現在做的事是不是對的？是不是會給社會帶來價值？給你的未來帶來更好的生活？

送禮物的故事

成為 YouTuber 後，就會有很多 YouTuber 朋友跑來問我：「好葉，你的酸民多嗎？你平時會怎樣應對他們啊？我每次看到這樣的負面留言時，心情馬上就會受到影響。怎麼辦？」

然後我就會告訴他這一則「送禮物」的故事：「別人送你禮物，你不接受，那這一份禮物是誰的？」

「他的。」

「那別人給你負面留言，你不接受，這個負評是誰的呢？」

惡評、負面留言就像是別人在你面前大便，這時你會繞道而行，還是停下來和他留下的大便一般見識呢？

如果你不接受，那你就不會沾染一絲汙臭；如果你接受了，看了這塊大便不順眼，抓起一把丟向那個拉屎的那個人，反而會惹得自己一身腥。

這種情況非常常見，所以你會經常看到一些創作者槓上酸民，結果多說多錯，反而帶來了更多的麻煩。

和酸民吵架的事情基本就不會發生在我身上，要知道很多人都是被生活壓得喘不過氣來，導致負面情緒纏身，漸漸的就變成了一個「垃圾人」，所以需要找個地方傾倒；有時候你只是剛好碰上了，他們就把垃圾往你身上丟。

面對惡評，有時候我還會給他們一些正能量，為他們的留言點個讚，或許這樣做還可以感化酸民，讓他們放下屠刀，立地成佛呢！

如何戰勝恐懼：成長型思維

「經營 YouTube 頻道需要創造內容，我不行的啦，我沒有文采⋯⋯」

「做影片需要面對鏡頭，我不行的啦，我又不會說話⋯⋯」

「做電商需要營銷，我不行的啦，我對網路操作一竅不通⋯⋯」

「去學游泳嗎？不行，我天生四肢不協調，一定學不會的⋯⋯」

為什麼有些人總是害怕犯錯，恐懼一直交纏在他的腦海中，讓他遲遲不願意行動去嘗試，結果導致一生的碌碌無為？這個答案就在於你有沒有修煉「成長型思維」。

成長型思維這個概念，最先由一丹獎得主，史丹佛大學的卡蘿‧杜維克（Carol Dweck）所提出。杜維克提出了人的思維模式分為兩種，一種是成長型思維，一種是固定型思維。

擁有固定型思維的人認為人的特質都是天生的，後天無法改變；而擁有成長型思維的人認為，所有的技能或

者智能，無論是任何領域，都可以通過努力而得到。他們樂於接受挑戰，並積極地去擴展自己的能力。

其實每個人都同時擁有成長型以及固定性思維。它們就像兩頂不同的思維帽子，一些人戴上成長型思維帽子的頻率會比另一些人高。

在不同的情況下我們都會戴上不同的思維帽子，要麼是成長型的，要麼是固定性的。

成長型的思維帽子讓你看到不一樣的世界，讓你的生活態度要積極得多，因為你相信人的各種基本素質，都可以通過自身的努力而得到改善。

害怕失敗
愛裝聰明
逃避挑戰
在乎別人的評價
天賦決定論

固定型

成長型

對學習充滿希望
喜歡成長過程
擁抱挑戰
和自己比較
所有技能都可以被學會

成長型思維

持有成長型思維的人會更具備有彈性和復原能力，他們認為挑戰可以幫助人們學習和成長，挑戰失敗不意味「我是個蠢蛋」，而是「我還有成長的空間」；而且挑戰越大，發揮的潛能越大。

他們認為唯有經過長期的訓練和努力、能力（尤其是未來將會發展的能力）是不可能被測試的；堅信努力是取得進步的必經之路。

固定性思維

固定思維的人往往害怕失敗，擔心自己看起來不那麼聰明、比較笨，而拒絕接受挑戰、面對困難，由此他們的發展潛力會受到限制，只願意做自己擅長的事。

因為他們害怕失敗，所以會習慣性地迴避挑戰，遭遇到阻力時容易放棄。

他們堅信能力是可以通過一場考試來測試的，潛意識裡支持「天賦決定論」。雖然自己會努力獲得成功，但因為害怕面對努力了卻可能會失敗的結果，所以會掩蓋、甚至輕視這種努力。

很多時候，你不推自己一把，多嘗試一番，怎麼知道自己能走多遠呢？這個思維模式讓我體會很深。我身邊

每一個朋友都非常的好奇，為什麼好葉一個沒有影片製作背景、設計經驗，也沒有廣播知識的人，可以把動畫做得那麼專業呢？

因為我選擇了戴上成長型思維的帽子，不讓心中的恐懼感打敗我，也因為這個思維模式，我掌握又或是嘗試了許多自己的小小夢想，比如 45 公里馬拉松、游泳、創業、拋球、寫作、講課、股票投資、房地產投資等。

練習成長型思維

從上面所提到的例子中，我們知道了成長型思維的重要性，而練習成長型思維的方法，讓我給你三個錦囊：

1. 了解大腦的可塑性

大腦和肌肉一樣，可塑性是很大的。大腦的神經元間，負責傳遞信號的「突觸」會根據環境的刺激和學習經驗不斷改變。

每當我們突破自己的「舒適區」去學習新知識、迎接新挑戰時，就會產生新的突觸，大腦中的神經元會形成新的、強有力的聯結；而複習舊知識時，突觸的連接就會更加鞏固，再由這些新的突觸中形成「灰質」。

一個來自美國國家生物技術中心的報告顯示❹，經過多年的駕駛經驗，計程車司機大腦會發展出大量的灰質，讓他們更有效的穿梭在各大城市。

比起巴士司機，計程車司機大腦產生的灰質含量會更多，這是因為巴士司機總是駕駛同樣的路程，而計程車司機則要把乘客載送到各種不同的目的地。

同時，灰質含量更是和計程車的工作年齡掛鉤，工作越多年，大腦裡的灰質越多，這說明了駕駛計程車的行為觸發了大腦的改變，讓司機在工作上更有效率。

大腦的可塑性可以持續終生，也就是說，我們的思維模式、才智等，永遠可以透過訓練而塑造以及培養。

2. 以過程為焦點

杜維克認為，**我們更應該稱讚別人的努力和過程，而不是他們的成果，因為最重要、最直接影響成長的因素是他人的評價性語言。**

當一個人的行動得到「你學得真快，太聰明了！」「你就是個天才！」，或者「你根本不是學數學的料。」

「你很有才華，只是不擅言辭。」等以能力為焦點的評價後，他後續的行為往往呈現出固定型思維的特徵——因為這樣做，他就會把自己與成果掛鉤，如果努力過後而得不到成果，他就會迴避自己不擅長領域的挑戰，盡力避免失敗。

但是，當評價性語言轉變為以過程為焦點，讚賞別人在行動中的努力和選擇時，比如「你做事很專心。」「主動負責任務並能有始有終。」「總是積極去尋找合理的方案。」等，其後續行為則會傾向於成長型思維的特徵，會把自己的選擇與努力掛鉤。

「行動中的過程」是在我們的控制範圍以內，當其他人評價我們的行為時，我們會更關注其相關的過程，對良好的過程進行保留，對於不好的過程進行改善。

比如，當稱讚別人的時候你可能會說：「你實在太聰明了，考了一個滿分！」而更恰當的說法會是：「你的學習方式非常有效率，你的努力終於得到了認可，考了一個滿分！」

這樣一來，學生就會更專注於他的學習方式，持續地改良其中的過程，而不會掉入固定性思維的陷阱。

3. 嘗試有挑戰性的事情

　　為了更進一步的強化成長型思維，我們必須經常跳出我們的舒適區；那些不願意跳出舒適區的人，往往會相信他們的成功是來自天生的能力，因為得來都不費吹灰之力。

　　比如說，一個學生在學校沒有受過任何挑戰，當他考了滿分的時候，他可能就會這樣想：「他就是天生聰明。」

　　這得來不費吹灰之力的滿分，讓他根本就不會去想學習的過程，導致他很容易就把自己和成績掛鉤；相反的，當他不幸得到不理想的成績後，他就會認為自己很笨，而不是去檢討和改善他的學習過程。

　　經常跳出舒適圈，會促進我們從固定型思維轉換為成長型思維。這是因為在嘗試你原本不敢做的事時，原本的想法是做不到的（固定型），所以才會被稱為挑戰。

　　一旦當你決定去做時，為了達到目標，你就會把焦點放在其過程，並想方設法的改善它（成長型）。

　　比如 42 公里的馬拉松，這對你來說可能是個挑戰，當你決定跳出你的舒適區去接受這個挑戰時，你會開始計畫每週來個 3 天的長跑訓練。

　　這個長跑訓練就是其中的過程，同時也在促進著你的

成長型思維，這也就是跳出舒適區的意義。

思維決定命運—別讓思維害死了你一生|《終生成長》

低潮時期：讓母雞好好休息

　　從大學開始，一直到我畢業實習工作，一直到成為獨立自由工作者，再到現在擁有八個人的團隊，我經營YouTube 頻道已經有 4 年了，有時候難免會陷入倦怠期：「內容想不出來」「頻道沒有突破性的成長」「製作的線上課銷量達不到預期」等。

　　遇到瓶頸時，累了、不想做了怎麼辦？相信很多創作者都會遇到類似的情況，也都難免會有自我懷疑的時候：「我到底是不是真的適合做 YouTuber ？」

　　但每當遇到這種情況，我就會告訴自己這個伊索寓言的故事：

　　　有一天，一個很窮的農夫在飼養場裡發現了一顆金光閃閃的雞蛋。

　　剛開始他以為這是個惡作劇，原本想把它丟掉，但轉念一想：「不如去驗證一下吧，說不定是真的，那就發達了！」

　　結果這顆金蛋竟然是純金的，實在不可思議！此後，農夫每天都能得到一顆金蛋，他也靠著賣金蛋變得富有起來。

　　可是財富使他變得越來越焦躁和貪婪，想一下子得到雞肚子中所有的金蛋，於是他殺死了雞，但是雞肚子中什麼也沒有。

　　在這則故事中蘊涵著自然法則：生活需要達到一個平衡。

　　累了就要休息，休息夠了就要行動生金蛋。在生活中，「重蛋輕雞」的人難免導致「殺雞取卵」的情況出現，最終連產生產金蛋的資產也保不住，到最後自己被活活餓死。

　　成就正代表著努力和休息的平衡。把自己逼得太緊，就會殺雞取卵；但不逼自己往前衝，你可能又會碌碌無為。

　　在一年的 365 天裡，我們都難免會有幾天的低潮期。

而每當陷入低潮，陷入瓶頸，我就會讓自己停下來、休息一下，然後去做一件我非常喜歡的事：學習。

我會買一些線上或線下的課程，也非常享受這種認知得到提升、學了一個東西後有在成長的感覺。

通常在瓶頸期，我只要花上 10 天左右的時間，完全放下工作，去休息、去學習，我的熱情很快又會回復，讓我能夠重新衝刺。

陷入膠著狀態？人生不是一場馬拉松，要學會倒退

我們常聽別人說：「人生不是百米衝刺，而是一場馬拉松。」但我認為人生更像是一個擁有無限選擇的迷宮。

要過好這一生，我們不只要勇敢的向前衝，也要勇敢的從錯誤的道路中倒退出來！

一場馬拉松會有起點和終點，你跑得越快，耐得更久，就越快到達終點。

起跑時，你會看到一個寫著「起點」的大布條，然後又跑了 5 分鐘、10 分鐘後，你會看到各種標識，引導著你跑向正確路徑。

過程中你也會經過一些補給站，喝一點水，吃些香蕉

還是麵包，補充能量再繼續衝刺，在每一個階段也都會
看到給你引導的大布條，告訴你「還剩下 20 公里」「還
剩下 10 公里」「就快到終點了」。

　　到達目的的祕訣就在於不斷的堅持、不斷的努力，就
算氣喘吁吁，也不要停下來。

　　就算你感到非常辛苦了，也不要放棄，就算是跑到腳
抽筋了，肩膀感到非常沉重了，只要撐到最後，總有一
天你會抵達目的地，到時你就會苦盡甘來。

　　但在現實生活當中並非如此。我們的人生道路並非只
有一個起點和終點，現實生活也不會給你路標、告訴你
要走哪一條路，也沒有布條告訴你距離終點還有多遠。

　　我們的人生並非只有一條路線，只要跟著走就會到達目的地；它更像是你站在一個迷宮，每到了一個分岔口，你總是會有很多選擇。

　　我們非常擅長在選好的一條路線上不斷的向前衝。有些時候，我們很幸運的就可以一路通暢無阻的到達目的地，來到了另一個分岔路上，再做選擇。

　　這就好比今天你認識了一個對象，一見面就談得來，無論是性格、價值觀都非常合拍，交往了幾年後就踏入婚姻生活；結婚後，你就來到了第一條分岔路，到底要生幾個孩子，組織一個幸福的家庭；還是要和另一半到世界各地遊玩，又或是選擇和老婆一起奮鬥創業，再賺個幾桶金？這一切都回歸到我們的選擇，也就是你的分岔路。

　　有些時候，我們會走著走著卻進了死胡同，陷入膠著狀態，比如你和對方交往了一段日子後，才發現雙方的價值觀和理念有很大出入，卻又苦苦糾纏，總是不想分手；又或是做了生意不成，還是苦苦撐著就卡在了那邊。

　　這些情況都非常常見，可能你我都有過經歷，但我們總是喜歡在錯誤的道路上堅持，這是因為我們討厭倒退的人生，覺得倒退、放棄就是一種失敗，就是承認自己的不足，覺得那就是在浪費人生，會在別人面前抬不起頭來。

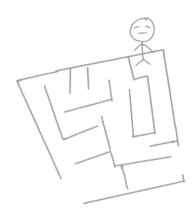

但要過好這一生，在這個迷宮裡過得自在輕鬆，就要懂得從一個死胡同倒退幾步，再選擇另一條出路。其實很多時候放棄並不是一種失敗，而只是讓你在人生道路上多了一個選擇而已。

當我發現自己製作的影片點播率每況愈下的時候，我就會開始嘗試新方法，比如換一下呈現方式，用前後露臉，中間保留動畫的方式來呈現影片，增添親切感；要不就是嘗試不一樣的內容編排，或加入一些問題來提升和粉絲的互動性；再來就來試試看做直播分享知識，讓粉絲更加信賴我。

要知道人各有所好，我們認為好的產品或服務，可能對其他人來說不一定是最好的，因此需要不斷的改進，直到符合他們的「胃口」，才能讓人自願買單。

換句話說，如果發現自己堅持已久的東西並沒有達到任何成就，那就是該想想如何做出改變的時候了，甚至是否應該放棄現有的模式，重新嘗試不一樣的作法。

人生因為不確定性而精采。選擇需要勇氣，放棄一樣需要勇氣。我們從來都不會知道這一次的選擇是否可行，但我們可以預期自己有可能會迷路，走進了一個死胡同，隨時準備好選擇倒退出來，另尋他路。

我們總認為人生就像是馬拉松，是這樣的：

只有一條路線，從起點到終點，只要一直向前跑就行，但實際上卻是這樣的：

　　如果我們想要過好一生，我們就要學會這樣做：當你發現此路可行的時候，就持續的向前進探索更多的可能性，解鎖更多的選擇，更多的分岔路；而當你發現自己來到了死胡同，陷入膠著的狀態，那麼就不妨試試看倒退幾步，回到當初的分叉路上，選擇另一條出路吧。

　　人生最大的錯誤就是在死胡同裡執著，原地踏步。我們不只要勇敢的選擇，在陷入膠著狀態的時候，也要勇敢的倒退幾步，尋求其他的途徑，才能更快的走出這個迷宮。

人生就是一場遊戲－怎樣精采地展開屬於你的人生遊戲？

重 點 回 顧

觀點 1

資源有限，創意無限。稍微動動腦，將成本最小化、收益最大化。

觀點 2

目標，就是給自己的一個承諾。懂得優先取捨，團結你腦海的小船員，更容易讓你抵達目

的地。

觀點 3

管好自己，善用時間。

· 有拖延症？心中倒數「3、2、1，馬上行動！」
· 工作效率低落？把完成期限砍半，你會發現自己潛力無窮！
· 對明天感到迷茫？每天睡前寫好 5 件事，隔一天全力執行。

觀點 4

有個好心態，挫折又怎樣？

· 用力討好每一個人，都是在浪費你的青春。
· 面對酸民，不需要去接收一份你不想要的「禮物」。
· 鍛煉成長型思維，你才會更願意接受挑戰，走得更遠。
· 陷入膠著狀態時就退一步，尋求其他的途徑。

---

❹ Maguire, E. A., Woollett, K., & Spiers, H. J. (2006). London taxi drivers and bus drivers: a structural MRI and neuropsychological analysis. Hippocampus, 16(12), 1091–1101. https://doi.org/10.1002/hipo.20233

7‧從零邁向財富自主的關鍵

時間即是財富

　　我在羅伯特‧清崎的《窮爸爸，富爸爸》中，學到了一個幫助自己邁向財富自主的思維工具：**ESBI 現金流象限**，我把它稱作為四種不同的收入模式。

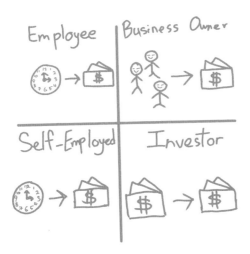

E—打工族

你為公司努力工作，利用你的時間來換取金錢，大多數人的收入都在這個領域裡。

這種收入的特性就是穩定，只要保持工作，就能保有穩定的收入來源，但當打工族更努力加班工作，收入是否就會成正比增加呢？答案是否定的！因為你領的是固定薪水。

即使能調薪或加班也只是小幅度，大多數努力得來的收益，是由公司、企業和政府所獲得。

S—自僱人士／或是自由業者

比如專業人士、醫生、律師，或是自己當老闆，收入比打工族好一些，自僱人士為自己工作，不用接受別人的管理。

但同樣還是用時間換金錢，做得越多，就會有越多的收入。當自僱人士越成功，自己投入在工作的時間也會越長。

B—企業家

擁有一個產生收益的系統，就算你本身不工作，只要雇用有特定技能的人（員工）還是會持續給你產生收益、帶來收入。

|—投資者

不會為錢工作，而是讓錢賺錢。將資金投入「資產」中來產生收益，可能是一門生意、一個股票或基金，也可能是一間房產。

不可否認，打工族和自僱人士同樣可以賺很多的錢，但是收入完全取決於他們投入的時間和精力，手停錢就停；企業家和投資者就不一樣，學會打造一個被動收入的方法，就算一段時間不工作還是有收入，而財富自由最終的目的就是成為企業及投資者，讓錢替你工作。

4 種現金流現象 | 富人致富的祕密

每個理財頻道、每本理財書籍、每個有錢人都告訴你，要致富一定要靠「被動收入」，讓你的錢替你賺錢，但是他們卻很少告訴你要怎樣創造被動收入。

有些導師會跟你說，拿一筆錢拿出來投資，利滾利，這樣睡覺的時候也能賺錢，就可以創造被動收入了。

但問題是，我一開始都沒錢，怎麼投資啊？我全部身家就只有 500 美元，股神巴菲特一年回報率 20 ％左右，

就算我把全部身家投入進去，一年就賺個 100 美元，平均 12 個月下來，一個月也只有 8.33 美元的「被動收入」，差不多兩頓麥當勞套餐，這樣的「被動收入」並沒有讓我感覺到致富。

同樣 20% 的回報，投資 50 萬美元，和投資 500 美元是完全不一樣的。

假定年收益 20%，50 萬美元可以每個月給你帶來 8333 美元的收入，這足以讓你過上非常舒適富足的生活，還可以有閒錢繼續讓你拿來利滾利，又或者是投資其他資產；但 500 美元每個月帶來的 8.33 美元，卻只夠你兩頓飯的溫飽。

我舉這個例子並不是要讓你覺得世界有多麼不公平，開始抱怨環境，抱怨投錯胎，而是要讓你知道，**在積累財富的過程當中，每一個階段所使用的方法都會是截然不同的。**

有錢人投資資產一年可以賺 1000 萬，你也做一樣的投資，可能只賺個 1 萬。投資同一樣東西，但回報卻截然不同。

從零到財務自主的祕密：善用資源

沒有資源、沒有背景的你，要怎樣才能邁向財富自由呢？答案就是一個字：「換」。

你想要什麼樣的回報，就需要付出相對應的努力；你想要獲得什麼，就要拿自己有的東西去交換。

別擔心自己什麼都沒有，我們每個人至少都有時間、精力和智商。只要善用所擁有的能力，積累足夠的資源，你也可以去換取自己想要的東西。我就是用「換」的方式，一步步的從零積累到自己的第一桶金。

窮小孩的第一桶金

很多人覺得第一桶金就是 10 萬、100 萬又甚至是 1000 萬，但對我來說，第一桶金不應該是一個具體的數目，而是你努力所累積到的一筆錢，並且這筆錢會在你積累財富的過程中發揮關鍵作用。

它可以是幾千塊、幾萬塊或幾百萬，只要是可以給你後續的人生帶來轉折，解鎖更高的財富門檻的，都可以稱作第一桶金。

對我來說，我的第一桶金就是在高中畢業後，打工所存到的 5000 馬幣（約 3 萬台幣）。

可能你們會覺得 5000 馬幣那麼少，那我們就稱它為第一籃金吧。我會把這 5000 馬幣稱作第一桶金，是因為這 5000 馬幣撬動了我許多的財富門檻，從 5000 到大學時期的 2 萬，一直到畢業後的 10 萬。

在馬來西亞，私立大學有幾百間，而公立大學卻只有十多間，僧多粥少，所以私立大學的學費一般都會比公立大學高上好幾倍。

由於我家境不是那麼好，只能選擇爭取相對優秀的成績進公立大學，所以上大學也不是那麼容易。

第二，上到了大學也要錢，就算是申請了學貸也需要各種生活費，比如交通、伙食、參考書的費用等，所以高中畢業後，我就從鄉下到吉隆坡這個大城市打工。

當時的記憶還歷歷在目，我帶著身上從小打各種零工以及幫忙父母所存到的 1000 馬幣（約 6000 台幣），去開啟了打工生活。

當時我的第一個目標就是存到錢，然後買一部手提電腦給自己，因為到時候大學做功課、找資料會需要用到，所以就省吃儉用，除了朋友生日慶祝外，休閒娛樂

就是運動、玩玩吉他，或是去書店蹭書看。

當時我的收入有 1800 馬幣（約 1.2 萬台幣），在控制消費的情況下，每個月都可以存下 1000 馬幣。

我家是賣豬肉的，所以從小就吃肉到大，不喜歡吃菜。但記得有一次下班回家很累，就不打算自己煮了，在路上發現有賣一包一馬幣的椰漿飯，小小一包裡並沒有什麼料，只有八分之一的蛋、一些江魚仔和一片黃瓜而已，但我因為要省錢，也只是買了兩包回去當晚餐。

在家鄉的時候，我因為非常討厭那個黃瓜的味道，都會把它挑掉；但在那時，為了生存、為了補充體力工作，再不喜歡的蔬菜，我都會把它放進嘴裡、填飽肚子。也非常感謝那時的經驗，讓我感受到了食物的珍貴，吃著吃著，我就愛上黃瓜了。

就這樣連續工作了 7 個月後，我收到了大學錄取的通知。加上買了自己的筆電後，我存到了自己的第一籃金，也就是用時間和精力，獲取了一個流動性非常高的資源：「鈔票（5000 馬幣）」。

當時的我還不知道這 5000 馬幣可以拿來做什麼，就把它先存著，到了大學後再做盤算。

到了大學後我發現一個現象：那就是大學生捨得花

錢！（當然也有一些像我這種沒錢花的寒門）

在第一年，我加入了一個賣筆記本的活動，向學長姐學習如何在大學辦活動、賣東西。

在這一年的時間裡，我的存款還是一樣維持 5000 馬幣，暑假還是會打一些零工，但是在大學第二年時，我就成為了賣書活動的老大。

我在大學第一年時，就盡量累積人脈、去表現自己，所以認識了不少朋友，也讓學長姊們看到我的能力。

第二年就如我所預期的，我獲得大家的支持，被推上去擔任一些活動的負責人。

我有涉及到的活動都是以生意為主，比如賣花、賣湯圓、賣書、賣仙人掌等，或是利用學校的場地辦一些賣場活動。

這些活動雖然賺不了多少錢，卻讓我學會很多做生意的道理，其中最重要的就是：**要懂得「換資源」**，而這些資源就包括了人、金錢、科技、你的技能和知識等。

比如說，在大學時期，每個人追求的東西都不同。學生會想要參加活動，有些是想要得到一些活動分數，又或是提升自己的溝通能力、領導能力和團隊協作的能力，也有些可能就是因為想要得到歸屬感等。而我想要

辦活動賺錢，但是每個活動都需要人力資源，於是我的角色就給他們提供了這方面的價值。

我用自己籌備活動的能力資源，去「換取」學生的參與，「換取」他們付出的時間和精力，大家一起把活動完成，學生得到他們想要的這些東西，而我也賺到了一些錢，然後和大家一起出去慶祝一番。

當然，這些前提是你必須要取得大家的信任，同時也具備領導和策畫活動的能力資源。

大學第二年結束後，我的存款就提高到了 1 萬馬幣，而到了第三年，雖然一邊讀書還可以一邊存錢算是不錯了，但我發現這速度還是很慢，就開始嘗試一些投資的

渠道，比如股票、加密貨幣、期貨、金錢遊戲等。

可想而知，我因為心急交學費而虧了一些錢，但這非常的正常，每個像我這樣想要存到第一桶金的朋友都有體驗過，我的存款又掉到了 8000 馬幣左右。

到了大三，我被升任為宿舍的活動主管，不需要親力去辦活動了，就把活動授權給學弟妹辦，自己扮演的角色就是遊說校方，和幫忙活動負責人找一些人手，給他們提供所需要的資源，比如活動的流程計畫、場地、交通等。

那時因為比較清閒，想要找一些事情來做，就用了大哥的名義擔保，給自己買了一輛最便宜的車來做租車生意。當時汽車的首付是 3700 馬幣，保險和路稅是 1000 馬幣左右，每個月還需要支付貸款 380 馬幣。

可能有些人覺得花掉 4700 馬幣，就剩下 3300 馬幣，如果沒有額外的收入，不到一年車就會被拖走了，風險非常高。

但回想一下，我會冒這個險，主要是因為我發現當時在大學，租車這個生意需求是供不應求的，學生到週末就想要出去玩，但很多人都是租不到車出去的。

很多時候這些顯而易見的需求，其實都是值得我們冒

險的地方。 你不去冒險，哪來的回報呢？那時候，我就是用了自己的存款資源，去換取了一個可以給我帶來收入的工具：「車子」。

第一個被動收入

就這樣，在大學的我感受到了一些「被動收入」。每天把車租出去，不需要勞動就可以帶來收入；付了貸款每個月還會有 500 馬幣左右的額外收入，也騰出了很多時間可以做其他事。

原本打算在最後一年的時間裡搞一場大型活動晚宴，大賺一筆，完美的結束大學生涯，但是喜歡探索個人成長的我，突然意識到自己對網路行銷的熱情，做知識型影片也覺得非常有意義。

在取捨之下，我選擇了做 YouTube，放棄去搞大型活動。我靠著大學最後兩年租車和打零工的收入，存款來到了 2 萬馬幣，也收獲了一輛車和一位女朋友。

當時我一直想著要把這 2 萬馬幣用掉，讓它可以變得更有價值，跨過更高的財富門檻，所以開始學習投資股票，並投資了 5000 馬幣。

另外 1 萬馬幣我將它投入了好葉頻道，拿來買電腦和一些錄音的器材、軟體和書籍，最後剩下 5000 馬幣。

我把自己身家的 50% 投入自己的頻道，而股票投資只投入了 25%。這是因為我知道，頻道未來的回報潛力遠比股票投資來得高上好幾倍，甚至幾百倍。

就像前面提到的有錢人和窮人投資股票的例子一樣，投資 5000 元，且擁有股神巴菲特的水平，也就是年收益 20%，每年就多加 1000 元，就算是複利滾雪球，也沒有自己頻道爆發性成長來得快，所以我把大部分的錢都投在了自己身上。

年輕時回報率最高的投資項目，就是投資自己。那時一邊實習一邊經營頻道也是很值得回憶的，每天早上 5 點起床製作影片，7 點上班，然後下班回到家後還是會繼續製作影片，甚至有時候還會悄悄在上班時間偷偷寫稿，構思內容。

當時壓力非常大，以前濃密的頭髮，在實習和製作影片的雙重壓力下掉了很多，但堅持了 1 年後，我逐漸看到 YouTube 每個月為我穩定帶來 8000 元左右的廣告收入。

看到了嗎？回報顯而易見，1 萬元的自我投資，給我換來了每個月 8000 元的收益，一年就是 9 萬 6000 元了，

回報率是 960%，完勝股票投資，而且頻道收益還會持續增長。

財富因階段不同，所帶來的回報也會不一樣

當然，我並不是不投資其他資產，比如股票、房地產、基金等。事實上，我自己一直都有投資股票和房地產的習慣，而且還逐年加倍投入呢。

我的意思是，**在沒什麼資源、沒什麼錢的階段，最應該投資的是你自己**。

無論是把錢投入在自己創辦的生意，買書閱讀來提升自己，還是把錢拿來學習、投資腦袋都好，這些投入都是能夠提升你賺錢能力的投資，是回報率最高的投資。

等你透過自己的賺錢能力，獲取了第一筆財富後，才來考慮進行多元化投資也不遲。我也是從自己的事業（好葉頻道）賺到了一些錢後，才開始做其他更多項目的投資，比如房地產、股票和其他生意。

這就是我從零積累財富的方法。**在開始時投資自己的賺錢能力，然後用這個賺錢能力賺到更多錢，累積到了第一桶金後，才來考慮投入其他的項目。**

　　財富會因為階段的不同帶來不一樣的回報。所以我們要做好選擇，把資源投入在對自己現階段回報最高的事情上。

第一桶金的誕生

　　實習結束後，原本是想在業界待個兩年，累積一些網路行銷的經驗，但我發現透過自學所提升的技能比待在公司學得更快，於是就自己獨立，全職經營好葉頻道。

　　在人生的過程中，很多時候都需要做一個選擇。當你發現自己在工作上無法發揮，或是難以提升技能的時候，也許就是你該另尋他路的時候。

　　對我們來說，最有價值的並不是你的工作經驗，而是你的職業資本，你積累的各種資源，無論是金錢、人脈、技能還是知識。

　　畢業後，加上 YouTube 收入和投資所帶來的收益，我的存款累積到了 10 萬馬幣左右。

　　在接下來一年的時間，我專心經營頻道，並且找了團隊幫我製作影片，推出了〈好葉說書課〉，也非常感謝大家的支持，這個課程給我帶來了不錯的收入。

　　會製作這個課程，除了想要賺錢、讓好葉這個平台可以做得更好以外，我也想要培養大家對的閱讀習慣。

　　我們都知道讀書是最低成本的學習方式，一本書就學會了作者畢生的智慧。無論是思維層面，還是實用技能方面，我們都可以從書海中找到答案，解決生活難題，提升自己的思維。

　　但對很多人來說都有一個痛點，那就是閱讀需要花費非常多時間和精力。要讀完一本書，就要耗上至少 10 個小時的純閱讀時間。更不要說沒有閱讀習慣的人，讓他坐下來讀一個小時的書，就等於要了他們的命一樣。

　　有些人讀了很多書，生活還是一樣沒有改變，這其中最主要的原因，**就是他們抓不到書中可以加以實踐的重點內容是什麼**。而這一點，我就非常幸運，做得還比一般人優秀一些，總是能有簡單易懂的例子和描述，再加上動畫呈現給大家。

　　我會篩選大眾評價極高的書籍，親自讀完後再整理出最精華最實用的重點，然後把它轉變成一個生動的動畫說書影片。

　　比起十個小時的純閱讀時間，我的方法可以讓你用最少的時間，學到最多能實踐的知識和技巧。

若你有興趣，可以掃描封底折口的 QR 碼，即可獲得
價值 99 美元的 4 堂體驗課！

踏上企業家之路

加上幾年來的投資所得，好葉頻道所產生的營收就累
積到 50 萬馬幣（約 300 萬台幣）的創業啟動資金了，也
算得上一筆小小的第一桶金。

雖然這些錢並不是很多，但我還是再次冒險，把大部
分的錢投入好葉頻道，加速成長。當時我就一口氣聘請
了十位人員，加入好葉的製作團隊。

就這樣，我就進入了人生的另一個里程碑，探索創
業和學習當一個小小的企業家，希望可以把好葉做得更
好、影響更多的人。或許這只是第一桶金的開始，就讓
我們看看在未來它可以成長幾桶吧。

以上就是我過去 6 年來，從中學到大學畢業後的財富
累積全過程，和你分享了自己是如何從 1000 到 50 萬的財
富累積經驗。

現在就來和大家說說，對於整個財富積累的心得以及
個人的淺見吧。

寒門如何逆襲累積財富？

1、積累資源

如果你沒有資源、背景，也沒有技能，你的第一桶金一定是存出來的，而這個過程需要你的自律、你的犧牲，和你的延遲享樂。

收入提高的同時，也必須保持原有的生活水準，不然這桶金是永遠都不會滿。

你在積累第一桶金的同時，其實也會積累自己的資源，比如人脈、技能、知識以及個人價值。這些東西就是給你帶來收入的主要因素，而不是你的經驗。

2、不停止探索賺錢機會

在過程中不要停止尋找、探索賺錢的機會，或是發掘自己的潛能，這樣才不會讓第一桶金永遠只停留在第一桶金，要讓它動起來，才有可能變成第二桶、第三桶。

每一次的金桶翻倍，都需要我們勇敢的冒險，而把它投入在自己擅長的領域，或是需求顯而易見的地方，相對來說投入的風險較低。

3、社會從不缺錢，缺的是賺錢的能力

最後，無論是從事什麼行業，什麼樣的工作都可以累

積到第一桶金。

　　社會從不缺錢，缺的是賺錢的能力。有些人沒有高學歷，一樣擁有百萬千萬的身家，因為他有著賺錢的能力。

　　多累積自己的人脈資源、技能資源，以及知識資源，這是你能不能把第一桶金翻成十桶金的關鍵。

你想要的商業模式：小而美，還是大而全？

　　一種米養百種人，每個人追求的理想生活都不一樣。

　　有人追求的是安穩，幸福的生活；有人追求的是功成名就，當有房有車有錢的「人生勝利組」；有人追求的則是自由瀟灑，可以到處旅居、體驗世界的人生；也有人一生只想做好一件事，把自己的專業或手藝發揮到極致，然後代代相傳，那就此生無憾。

　　無論你追求什麼樣的人生，都沒有對錯，最重要的是不要讓自己後悔。但世界誘惑太多，我們很容易就會迷失自我，活在「別人想要你活在的世界」。那到底怎樣才能知道自己想要追求的，是一個什麼樣的人生呢？

葬禮遊戲：激發你的潛在內心渴望

「葬禮遊戲」是我結合了「以終為始」和「拆解思維」所創造的一個目標設定教學。我每年都透過這個練習，幫助自己理清人生方向，設定清晰可實踐的目標。

我從史蒂芬・柯維的《與成功有約：高效能人士的七個習慣》的第二個習慣，學會了「以終為始」，即先在腦海裡醞釀，然後進行實質創造，或者更白話來說，就是先想清楚了目標，然後努力實現。

「拆解思維」講的就是把一個龐大複雜的事物，拆分成一個個小任務，這樣你就不會覺得這件事很複雜、很難做，不知如何開始。

人生目標也是一樣，當你有一個大目標要完成的時候，就把它拆分成一個一個小目標。

透過「葬禮遊戲」，你可以發掘自己的價值觀和目前所追求的願景，並且知道朝向目標前進的步驟是什麼。接下來，我會透過「葬禮遊戲」的練習，幫助你設定出一個令你振奮的目標。只要跟著步驟，保證讓你不會中途而廢，總是熱情洋溢地朝向目標前進。

前置作業

首先，你必須騰出一個時間來給自己，然後把你的手機放到一旁，確保沒有人干擾你。

拿出一張紙和筆，播放一些柔和的氛圍音樂，讓自己的心靜下來。

在這個制定目標過程，可能需要花上一個小時，如果你想要用幾分鐘就草草制定出你的年度目標的話，那我可能幫不上忙。

STEP 1：十年後死去的你

想像一下，從現在到未來的十年後，你死掉了。

十年後的你非常成功，取得了很多很多的成就，然後你就死了。在舉行葬禮的這一天，會有十個你非常敬愛的人會出席你的葬禮。

在你的紙上列出一個名單，寫上這十個人的名字。這十個人可能是你的父母、老師、最好的朋友、老闆、女朋友、多年不見的朋友，任何人都可以，只要是你非常敬愛、在乎的人。

現在你可以慢慢地想想這十個你在乎的人，在寫下他們的名字同時也想像他們的言行和臉孔。不要著急進入下一步。

你最在乎的 10 個人：

1.
_____

2.
_____

3.
_____

4.
_____

5.
_____

6.
_____

7.
_____

8.
_____

9.
_____

10.
_____

STEP 2：葬禮上的描述

現在你已經死了，並躺在棺材裡，這十個你在乎的人將會一個接一個地在你的葬禮上，開始描述著十年後成功的你是一個怎樣的人。

他們可以引用這幾種開頭：「他可以……」「他是一個……」「他總是……」

比如說：「他可以讓人帶來歡笑；他可以啟發任何人。」「他是一個好爸爸；他是一個好丈夫；他是一個百萬富翁；他是一個勤勞的人。」「他總是會幫助人，當別人有困難的時候；他總是會履行他的承諾。他總是跟上潮流。」等

這把這十個人對你的描述都寫下來，一定要寫下來。

他們在葬禮上對你的描述：

1.
_____

2.
_____

3.
_____

4.
_____

5.
_____

6.
_____

7.
_____

8.
_____

9.
_____

10.
_____

STEP 3：你目前的價值

　　根據這些描述詞句，萃取當中的價值和意義。如果某人在葬禮上是這樣描述你的：「他是一個土豪，坐擁幾個房地產，還有三四輛跑車。」那麼你的價值就是財富，財富對你來說很重要。

　　如果描述是：「他是一個好爸爸，也是一個好兒子。」那你的價值就是家庭；又或者是：「他是一個勤勞的人。」那麼你的價值就是紀律。

　　列出 5～10 個相關的價值，這麼做是為了讓你知道你目前在乎的是什麼。

　　我們就是我們自己的價值，很多人之所以成功，是因為他們總是秉持著某些特定的價值。

　　Facebook 創辦人馬克‧祖克柏有著想要連接地球上每個人的價值，所以才創辦了 Facebook；安東尼‧羅賓有著啟發人的價值，讓他成為了頂尖的激勵演講大師。知道你自己追求的價值，才能對自己的目標始終保持熱情。

　　很多人半途而廢就是因為不知道自己真正追求的價值是什麼，所以很快就會沒有動力去執行制定的目標。

價值觀列表

列出 5 ～ 10 個相關的價值：

1.

_____

2.

_____

3.

_____

4.

_____

5.

_____

6.

_____

7.

_____

8.

_____

9.

_____

10.

_____

STEP 4：從價值量化十年目標

把這些價值轉換成一個確定的數字。

比如說你的其中一個價值是財富，想像十年後你會累積多少財富，可以是 1000 萬、2000 萬的淨資產；如果你的價值是人際關係，那就把它量化成數字，可能是 100 個可靠又有質量的關係；如果你的價值是影響力，可能就是影響 100 或者 200 個人，改變他們的人生，或者出一本書、兩本書等。

把這些價值都轉變成可以計算的數字，這樣目標就會清晰很多。

當你有了這個十年目標後，其實你已經知道了自己的夢想、自己的理想生活是怎樣的了。現在可以請你看一看自己寫下的這十個十年目標。如果都達成了，那會不會就是你想要的理想人生？

被量化的 10 年目標：

1. _____

2. _____

3. _____

4. _____

5. _____

6. _____

7. _____

8. _____

9. _____

10. _____

好葉的葬禮遊戲

　　還是那句話，每個人追求的理想生活都不一樣。設計這個遊戲就是為了幫助你反思自己的人生，更好的理清自己真正想要做的事情是什麼。下頁就讓你看看，我在2020年給自己做的「葬禮遊戲」例子。

怎樣設定令人振奮的年度目標《葬禮遊戲》

我最在乎的 10 個人：

1. 媽媽

___

2. 女友

___

3. 爸爸

___

4.J

___

5.BY

___

6. 劉

___

7.Gary

___

8.Young

___

9. 弟弟

___

10.Jun

___

他們在葬禮上對我的描述：

1. 媽媽：他總是很有責任感，是一個有擔當的孩子

___

2. 女友：他是一個最棒，溫暖的丈夫

___

 3. 爸爸：他是一個值得我驕傲的孩子

___

4.J：他是一個有影響力的企業家

___

5.BY：他總是很有魅力，讓人喜歡和他在一起

___

6. 劉：他是我遇到的一個非常厲害的領袖

___

7.Gary：他總是可以利用自己的故事，啟發身邊的人

___

8.Young：他是一個成功的億萬富豪

___

9. 弟弟：是一個總是支持我的哥哥

___

10.Jun：他是一個熱於助人的好朋友

___

列出 5 ～ 10 個相關的價值：

1. 家庭

_____

2. 感情

_____

3. 成就

_____

4. 影響力

_____

5. 魅力

_____

6. 領導力

_____

7. 啟發和智慧

_____

8. 金錢

_____

9. 樂於助人

_____

10.

_____

被量化的 10 年目標：

1. 家庭：至少 10 次家庭旅行（全家 7 個人）

2. 感情：和另一半創造至少 100 個值得回憶的體驗

3. 成就：創辦一家成功有影響力的企業

4. 影響力：擁有 1000 萬個網絡訂閱者

5. 魅力：讓人在第一次和我見面後，就可以對我產生好感

6. 領導力：至少領導過 20 個人，並且讓他們積極的成長

7. 啟發和智慧：成為一個能夠啟發他人的演說家

8. 金錢：擁有 1 億美元的資產

9. 樂於助人：幫助 500 個有需要幫助的朋友，給他們提供深度的支持

10.

最後一步，拆解目標

有了這些十年後想要達成的夢想後，你就可以制定你今年的目標了。

假設十年後你想要達成的目標是 1000 萬淨資產，那麼今年的目標可能就是淨賺 50 萬；假設十年後你想改變一百個人的人生，那麼今年的目標就是啟發五個人；假設十年後的目標是出版 2 本書的話，那麼今年的目標就是寫 150 頁的文章。

有志者立長志，無志者常立志。到了這個步驟你就會發現，你的每一個目標對你來說都很有意義，因為每一個都是根據你的價值而定的，並不是隨隨便便想訂什麼目標就訂，那根本沒有效果。

在這個步驟，為今年定下五～十個目標，不會太多也不會太少。可能在財富方面你會有三個目標，在關係上三個目標，在健康上兩個目標，在自我提升上一個。

最後還是老話一句，就算有這個世界上最好的方法、最好的公式，如果你不行動去執行它，那還是空談。

追求你想要的，你才是自己世界裡的大爺

對於網路創業者來說，做大不一定是好。其實更有很多的 YouTube 創作者會選擇小而美，不需要成立團隊，也不需要有什麼代理商、經紀人。

原本做 YouTuber 就是要想要自由，全部一手搞定，一個人就是一個品牌，做大反而增添更多的煩惱。

我想要成立團隊，把好葉做大，是因為「葬禮遊戲」告訴我：想要達到我的理想生活，創業擴充就是可以幫助我達到目標的事。

雖然挑戰很大，但既然這就是我想要的，我就會去做。不推自己一把，怎麼知道自己可以走多遠呢？不然老了才來遺憾，在棺木裡抱怨：「怎麼真實的葬禮卻沒有和夢想中的葬禮一樣？」

總而言之，不管你想要追求怎樣的理想生活或成功人生，都沒有對與錯。而「葬禮遊戲」就可以幫助迷茫的你理清方向，一步步的邁向目標前進。只有找到了內心的價值，你才不會像一塊木頭一樣，隨波逐流。以終為始（begin with the end in mind），就是一個讓你「跟隨內心，走自己的路」的作法。

既然成功那麼難，為什麼不找找自己的優勢？

我會對經營網路事業、製作知識性的影片有那麼大的熱情，並且把好葉做好，是因為在追求個人成長的過程中，我發現到了讓自己更容易成功的法則：刺蝟策略。

在這個世界上有兩種人：狐狸和刺蝟。這是記錄在偉大哲學家以撒‧柏林（Isaiah berlin）的著名文章裡的一句話。

狐狸懂很多事情，牠聰明而狡猾，敏捷又靈活。為了打倒刺蝟、贏得整片森林，它終生都在尋找新的方法、新的伎倆。

相反的，刺蝟只懂得一樣東西，牠非常的簡單，只會用一種策略並把它發揮得淋漓盡致，完美的呈現。不管狐狸用什麼伎倆，刺蝟只會用牠最擅長的策略來應對狐狸的攻擊。

每當他們相遇，狐狸總是會使用新伎倆，但勝利的總是刺蝟。不管狐狸怎樣嘗試，刺蝟總是把自己捲成一個天衣無縫的刺球，挫敗狡猾的狐狸，逼牠離去再想其他的方法。

在現實生活當中，狐狸就像總是尋找新方法來達到目標的人，像是 8 週的減肥計畫、12 天的排毒配套、創造財富課程，而他們也常常重新定義自己的「理想工作」；而刺蝟就像那些總是專注在一個簡單策略的人，他們始終如一、相信過程，有系統地朝向自己的理想工作前進。

就像柯比・布萊恩（Kobe Bryant）用他那瘋狂的工作理念，每天都比其他籃球運動員更刻苦耐勞的訓練；就像巴菲特放棄從短期的新興市場中獲利，更專注於長期投資，才能達到平均每一年成長 12 ～ 20% 的成長率。

如何成為刺蝟？

在詹姆・柯林斯的《從 A 到 A+》書中提到，每一個商業巨頭、成功的公司、成功的人，在他們的核心中都時刻秉持著刺蝟策略。

但這些策略並不是憑空出現，它們來自於深入的自我了解，並同時符合三個方面的交疊圈而得來的：

在這三個方面的交疊圈，幾乎所有人都可以到其中一個方面的答案，也有很多人會找到其中兩個方面。但如果你想要有所成就，就要同時符合這三個方面的交疊圈。

熱情和價值

　　如果你只找到熱情和價值，而忽略了自己的天賦，那麼你就無法發揮你的潛力，也就很難看到屬於你獨特的傑作。

　　就像 20 世紀初的世界鋼鐵大王安德魯·卡內基（Andrew Carnegie），如果當時的卡內基選擇了演講生涯，而放棄了他在商業上領導和管理的天賦的話，他可能就無法成為當時的鋼鐵大王和世界首富了。

價值和天賦

　　如果你只找到你的價值和天賦，而忽略了你的熱情，你可能會成為某種領域的專家，但卻沒有熱情來持續的推動你跳出舒適圈，以達到更高的成就。

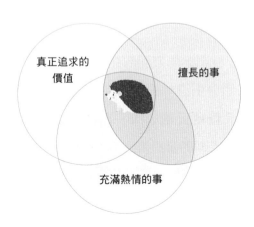

　　莫札特的爸爸里歐只要求莫札特做好一個演奏家而非一個創作者，如果當時他沒有勇氣反抗他爸爸去創作的話，今天你就不會聽到他的 600 多首名作，也不會知道他是誰了。

天賦和熱情

　　如果你只找到你的天賦和熱情，而放棄了價值，那你就無法堅持下去，因為你不知道自己活著的意義，不知道什麼事情對你來說是很重要的。

　　就像 J.K. 羅琳，如果她在 12 家出版社拒絕了《哈利波特》的出版後就不再堅持她的價值，繼續尋找方法出版，那就無法啟發上千萬的孩子們去閱讀了。

如何尋找自己的刺蝟？

　　很多人在發現兩個方面的交疊後就不再尋找了。那並沒有錯，它們會引導你去一個美好的生活；但如果你想要有所成就，就要繼續尋找，直到完整的三個交疊圈為止，等你找到了，那你的刺蝟策略就會出現。

　　那要怎樣找出三個屬於你的交疊圈呢？我們可以從以下幾個方面的來探索：

第一、天賦

在這裡講的天賦並不是在特定領域的能力，像是化學天才、物理天才、籃球高手之類的；而是可轉移的技能（Transferable skills）。

可轉移技能是在不同工作中都可以用上的能力，而且是不斷累積的，比如分析、計畫、營運、領導、文案、溝通等。

我們通常都忽略這性格發展中非常重要的一塊。如果你還不知道自己拿手的能力是什麼，相信網上也會有很多能力測試讓你參考，也可以問問身邊的家人和朋友，相信他們會比你更了解你自己。

第二、熱情

你的熱情就是你的興趣所在。

你喜歡做的事情是什麼？如果做的是自己熱愛的事，能量就會源源不絕，工作效率也會更高，就好像我在上歷史課的時候會昏昏欲睡，在上物理課的時候則興致高昂，但也有人正好相反。

大多數人都無法在自己有興趣、熱情的事業領域裡工作，雖然我們無法改變工作性質，但可以從我們的興趣入手。

　　我有一個 40 歲、從事門市工作的朋友，每天上班都是懶懶的、無精打采，覺得生活很無聊。

　　他的興趣是魚，於是我就建議他去找一些相關的群體，後來他找到了一個養魚討論群和一個釣魚討論群，並從中結交到了臭味相投的朋友後，就常常到處去出海釣魚或交換魚類飼養。

　　而後比起釣魚，他發現自己更喜歡養魚，後來還做起了代養，替別人清理魚缸的生意和做魚醫生等。

　　你可能不會一下子就讓找到你真正熱愛的事情，**但我們應該多嘗試，至少你會知道什麼是你不想要的，利用減法尋找，就會更接近目標。**

第三、價值

　　我們自己本身秉持著的價值。什麼事情是對我們來說是很重要的？做這些事情會讓我們覺得很有意義？這就是讓我們堅持下去的原因，也就是讓 J.K. 羅琳堅持尋找方法出版《哈利波特》的原因。

　　如果目前你做的事情是內心認為沒有意義、浪費青春的，就往往很難持久下去，這就是有些人會常換工作的原因。

　　如果你還不知道自己真正的價值，可以參考我在前面

分享的「葬禮遊戲」，它可以幫助你找到內心深處真正重要的價值。

找到了這三個圈圈後，嘗試把它們交疊在一起，然後就可以定制出你的刺蝟策略了。

好葉的刺蝟策略

比如說好葉的價值是財富、幫助人、影響其他人並改變他的人生。

熱情是創業、心理學、製作影片、網路行銷和創作。

天賦是理解、總結、分析、行銷、計畫和表達的能力。

要制定出一種同時符合到三方面條件的策略，就是好葉目前正在進行的：在網際網路平台上發布作品。

在網上免費學習製作影片，符合了我的熱情；並把學到的東西製作成動畫影片，發布在網上讓更多的人受益，同時還可以賺取一些廣告費和課程收入，符合了我的天賦和價值。

到目前為止，我還是不斷地實驗，不斷地改良自己的天賦、熱情和價值之間交疊的刺蝟策略。

這只是個開始，至少我對自己目前的天賦，熱情和價值還是非常明確的。

希望我提供的這個方法可以幫助你更深入了解你自己，制定出屬於自己獨特的刺蝟策略，也期待在看這本書的你，未來獲得成就！

成功人士都有的刺蝟策略－激發潛能

重點回顧

觀點 1

從零到財務自主的祕密在於善用資源，用你有
的資源來「換」取別人想要的。這些資源就包
括了人脈、金錢、科技、技能和知識等。

觀點 2

財富因階段不同，所帶來的回報也會不一樣。
在初級階段，把錢和精力投資在自己身上的回
報率最高，等你透過了自己的能力獲取第一筆
財富後，才來進行多元化投資也不遲。

觀點 3

每一個追求的理想生活都不一樣，透過葬禮遊
戲，用以終為始的思維，來探索自己的內心渴
望。

觀點 4

既然成功那麼難，那就利用刺蝟策略，來尋找
並發揮自己的優勢。

|後記|

好葉，陪你一起學習學校沒教的知識！

　　無論是生活還是理想的人生，它就像一個藝術創作，每個人都有自己獨門的見解。

　　每個人想要創業，想要達到成功的目的都不一樣。有人認為功成名就，擁有自己的生意，成為一個富人才算成功；有人則認為只要家庭美滿、幸福安康，那就是最大的成功；而有人則認為擁有自由的生活形態，不受金錢限制，可以隨時來趟說走就走的旅行，去體驗世界，過自由自在的生活那才叫成功。

　　無論你的選擇是什麼，總會有人給你反對的意見。就和藝術品一樣，不是每個人都能夠理解，但最重要的是自己覺得開心和滿意，並且相信自己擁有實現理想生活的權利。

　　希望我分享的這些經歷和方法，可以幫助你更茁壯的成長。

圓神出版事業機構　如何出版社
用心與你對談・視野無限寬廣　Solutions Publishing

www.booklife.com.tw　　　　　reader@mail.eurasian.com.tw

Happy Learning 191

一人公司的致富思維：

從零到百萬訂閱，靠知識變現的成功法則

作　　者／好葉
發 行 人／簡志忠
出 版 者／如何出版社有限公司
地　　址／臺北市南京東路四段50號6樓之1
電　　話／（02）2579-6600・2579-8800・2570-3939
傳　　真／（02）2579-0338・2577-3220・2570-3636
總 編 輯／陳秋月
主　　編／柳怡如
專案企畫／賴真真
責任編輯／丁予涵
校　　對／丁予涵・柳怡如
美術編輯／李家宜
行銷企畫／詹怡慧・曾宜婷
印務統籌／劉鳳剛・高榮祥
監　　印／高榮祥
排　　版／莊寶鈴
經 銷 商／叩應股份有限公司
郵撥帳號／18707239
法律顧問／圓神出版事業機構法律顧問　蕭雄淋律師
印　　刷／祥峰印刷廠
2021年1月　初版
2024年1月　3刷

定價 280 元　　　　ISBN 978-986-136-565-7

不要把我們所經歷過的不幸當作絆腳石，而是感謝它讓你知道不幸是
什麼模樣。當困境再次出現時，你就知道怎麼樣去面對，並坦然接
受生活的挑戰，而取得更高的成就。就是像長輩常說的「吃苦當吃
補」，把每一次的苦難當成一種修煉，生活不就更積極了一些嗎？

——《一人公司的致富思維》

◆ **很喜歡這本書，很想要分享**

圓神書活網線上提供團購優惠，
或洽讀者服務部 02-2579-6600。

◆ **美好生活的提案家，期待為您服務**

圓神書活網 www.Booklife.com.tw
非會員歡迎體驗優惠，會員獨享累計福利！

國家圖書館出版品預行編目資料

一人公司的致富思維：從零到百萬訂閱,靠知識變現的成功法則/好葉作. --
初版. -- 臺北市：如何出版社有限公司, 2021.01
224 面；14.8×20.8公分 --（Happy Learning；191）

ISBN 978-986-136-565-7（平裝）
1.創業 2.網路產業 3.網路社群
494.1
109018618